FORSCHUNGSBERICHT DES LANDES NORDRHEIN-WESTFALEN

Nr. 2600/Fachgruppe Hüttenwesen/Werkstoffkunde

Herausgegeben im Auftrage des Ministerpräsidenten Heinz Kühn
vom Minister für Wissenschaft und Forschung Johannes Rau

Prof. Dr. rer. nat. Kurt Lücke
Dr.-Ing. Rolf Rixen
Dr. rer. nat. Ursula Schmidt

unter Mitarbeit von
Dipl.-Ing. Halil Göker
Dipl.-Ing. Heikki Kotilainen
Dipl.-Ing. Roland Musick

Institut für Allgemeine Metallkunde und Metallphysik
der Rhein.-Westf. Techn. Hochschule Aachen

Rekristallisationstexturen hochreiner Aluminium-Mangan- und Kupfer-Zink-Legierungen

Westdeutscher Verlag 1976

Die Arbeit gliedert sich so in drei Teile:

Teil I:

Texturen bei der primären Rekristallisation hochreiner Aluminium-Mangan-Legierungen

Teil II:

Texturen bei der Kornvergrößerung hochreiner Aluminium-Mangan-Legierungen

Teil III:

Rekristallisationstexturen hochreiner Kupfer-Zink-Legierungen

Zur besseren Lesbarkeit sind die drei Teile getrennt voneinander abgehandelt und jeweils mit eigenem Inhaltsverzeichnis sowie eigenem Literaturverzeichnis und Bildteil versehen.

Gesamtherstellung: Westdeutscher Verlag

ISBN 978-3-531-02600-8 ISBN 978-3-322-88363-6 (eBook)
DOI 10.1007/978-3-322-88363-6

Vorwort

Die Texturen metallischer Werkstoffe, d.h. die Orientierungsverteilung der Kristallite, gewinnen wissenschaftlich wie auch technologisch zunehmend an Bedeutung. Eine besondere Rolle spielen dabei die durch Wärmebehandlungen verformter Metalle auftretenden Rekristallisationstexturen. Je nach Grundmetall, Legierungszusatz, Vorbehandlung und Glühbehandlung zeigen diese eine besonders große Vielfalt ihrer Erscheinungsformen, die häufig sehr empfindlich von kleinen Änderungen der obigen Parameter abhängt. Da bisher wegen der umständlichen und zeitraubenden Methode der Texturbestimmung dieses Gebiet nur stichprobenhaft erforscht werden konnte, erscheint insbesondere auch in Hinblick auf die technische Bedeutung eine mehr systematische Untersuchung der Rekristallisationstextur dringend erforderlich.

Bei den Metallen mit kubisch-flächenzentrierter Gitterstruktur tritt trotz der erwähnten großen Vielfalt ein Typ der Rekristallisationstextur besonders hervor, nämlich die sehr einfache, technisch aber meist sehr unangenehme Würfeltextur. Es war das Hauptanliegen der vorliegenden Untersuchung, einen Beitrag zu der Frage zu liefern, unter welchen Umständen diese Würfeltextur auftritt und wann andere Typen von Rekristallisationstexturen zu erwarten sind. Diese Frage wurde einmal für das Grundmetall Aluminium und zum anderen für das Grundmetall Kupfer untersucht, wobei insbesondere die Wirkung von Zusatzelementen, im Falle des Aluminiums Mangan und im Falle des Kupfers Zink geprüft wurde. Dabei wurde jeweils von hochreinen Legierungskomponenten ausgegangen und der Einfluß der Konzentration der Legierungen sowie verschiedener Vorbehandlungen untersucht.

Teil I

Texturen bei der primären Rekristallisation hochreiner Aluminium-Mangan-Legierungen.

Inhalt

1. Einleitung

Die Rekristallisationstexturen von Walzblechen aus technischem Aluminium und seinen Legierungen sind schon häufig untersucht worden. Dabei wurden zwei verschiedene Texturtypen festgestellt, die sowohl getrennt voneinander als auch zusammen in einer Polfigur auftreten können. Der eine Texturtyp ist die auch in anderen kfz-Metallen häufig beobachtete Würfellage, der andere Texturtyp ist die R-Lage, die der Walztextur von Aluminium sehr ähnlich ist [1 - 17] . Bei der Diskussion darüber, welche Faktoren zur Entstehung des einen oder anderen Texturtyps führen, wird stets neben der Ausgangskorngröße und dem Kaltverformungsgrad besonders auf die in technischem Aluminium immer vorhandenen Begleitelemente hingewiesen. Liegen die Verunreinigungs- oder Legierungsatome in einem Zustand vor, durch den die Wanderungsgeschwindigkeit der Korngrenzen stark herabgesetzt wird, so soll in der Rekristallisationstextur die R-Lage gegenüber der Würfellage begünstigt sein [2,3,6,11 - 14] . Zur Prüfung dieser Vorstellung fehlen bisher systematische Untersuchungen an reinen binären Legierungen. Deshalb wird in dieser Arbeit über Texturen bei der primären Rekristallisation von sehr reinen Aluminium-Mangan-Legierungen berichtet. Dabei wird ausführlich darauf eingegangen, welchen Einfluß die nach der Kaltverformung vorliegende Walztextur auf die Ausbildung der daraus entstehenden Rekristallisationstextur hat.

2. Experimentelle Durchführung

2.1 Versuchswerkstoffe

Als Untersuchungsmaterial standen Reinstaluminium und Aluminium-Legierungen mit Mangangehalten von 0,1; 0,5; 1,0; 1,3 und 2,0% zur Verfügung. Das Reinstaluminium und die Legierungen wurden aus Ausgangsstoffen der Reinheit Al 99,999% und Mn 99,99% in einem Induktionsschmelzofen erschmolzen und im Stranggußverfahren bei Gießtemperaturen von 690 bis 740°C zu Rundbarren vergossen 1). Nach mechanischer Entfernung der Gußhaut wurden alle Blöcke 24 Stunden bei 600°C geglüht und an Luft abgekühlt. Dann wurden die Barren nach einer Erwärmung auf ca. 500°C zu Stangen von 60x40mm^2 Querschnitt verpreßt. Danach war das Material in allen Fällen ganz durchrekristallisiert.

Um für die Rekristallisationsversuche auch Legierungen mit demselben Gesamtmangangehalt, aber unterschiedlichem Anteil gelösten bzw. ausgeschiedenen Mangans zur Verfügung zu haben, wurde nach dem Strangpressen und vor dem Kaltwalzen ein Teil der Legierungen im Luftumwälzofen bei 500 bzw. 650°C geglüht (siehe Tab. 1). Dabei war es nicht möglich, so lange zu glühen, bis der dem Gleichgewicht entsprechende Lösungszustand für Mangan erreicht wurde, da dann starke Kornvergrößerung oder auch sekundäre Rekristallisation die Proben für die weiteren

Untersuchungen unbrauchbar machten. Bei 500°C konnten die Legierungen jeweils so lange geglüht werden, bis sich etwa der gleiche gelöste Anteil von 0,6% Mn für jede Legierung ergab. Die Legierung mit 2,0% Mn wurde bei 650°C so geglüht, bis etwa die gleiche Menge Mangan ausgeschieden war wie bei der 50 h bei 500°C geglühten Legierung mit 1,3% Mn (vgl. in Tab. 1 Nr. 5b und 6a). Tabelle 1 enthält für alle untersuchten Legierungsvarianten die Anteile an gelöstem bzw. ausgeschiedenem Mangan sowie den metallographisch bestimmten mittleren Korndurchmesser D_o vor dem Kaltwalzen. Der Anteil an gelöstem Mangan wurde ermittelt durch elektrische Leitfähigkeitsmessungen mit einem magnetinduktiven Tastspulgerät (Sigma-Test) der Firma Förster, das eine Meßgenauigkeit von ± 1% zuläßt. Die Abhängigkeit des spezifischen elektrischen Widerstandes von der im Aluminium gelösten Menge Mangan war durch Vorversuche bestimmt worden. Damit wurde es möglich, die gelösten Mangangehalte auf etwa 0,05% Mn genau anzugeben. Relativmessungen gestatten jedoch Veränderungen im Ausscheidungszustand bei Glühungen schon etwa ab 0,02% Mn deutlich zu erkennen.

2.2 Verformung

Für das Kaltwalzen wurden aus den nur stranggepreßten und den zusätzlich wärmebehandelten Stangen kleine Blöcke gefertigt, die auf gut geschmierten Walzen (Durchmesser 250 mm) reversierend gewalzt wurden. Zunächst wurden in einer Hauptversuchsserie alle Legierungsvarianten um 95% senkrecht zur Strangpreßrichtung auf 2 mm Enddicke kalt gewalzt. In Sonderversuchen wurde die Legierung Nr. 4a zusätzlich noch um 97,5 bzw. 99% auf 1 bzw. 0,4 mm Dicke weitergewalzt. Das Reinstaluminium und die Legierung Nr. 4a wurden außerdem noch parallel zur Strangpreßrichtung um 80, 95 und 97,5% auf jeweils 1 mm Enddicke sowie um 99% auf 0,4 mm Enddicke gewalzt. Ferner wurde die Legierung Nr. 4a auf 1 mm Enddicke um 95% kreuzgewalzt. Die Tab. 2 enthält eine Zusammenstellung des Walzprogramms.

2.3 Glühung

Alle Rekristallisationsglühungen wurden in einem Salzbad, und zwar hauptsächlich bei 350 und 450°C, durchgeführt. Die Glühzeiten wurden, angefangen bei 1 s, um jeweils eine Zehnerpotenz erhöht. Zur Feststellung des Rekristallisationszustandes dienten Makrohärtemessungen, an die sich metallographische Untersuchungen anschlossen, um mit Sicherheit das Ende der Primärrekristallisation festzulegen. Bei den Sonderversuchen mit Reinstaluminium wurde bei 200 und 350°C zwischen 1 s und 1000 s geglüht. Die Legierung Nr. 4a wurde bei den Sonderversuchen stets 100 s bei 400°C im Salzbad geglüht. Die Primärrekristallisation war dann mit Sicherheit abgeschlossen.

In Tab. 1 sind für die Hauptserien ebenfalls die ermittelten jeweiligen Glühzeiten bis zum Abschluß der primären Rekristallisation t_E und die entsprechenden mittleren rekristallisierten Korndurchmesser D in der Walzebene aufgeführt. Letzterer war innerhalb der Walzebene richtungsunabhängig. Senkrecht zur Walzebene war der Korndurchmesser D′ etwa um den Faktor zwei kleiner. In Tab. 1 wird für jede Legierung dieser Wert D′ mit der aus dem Ausgangskorndurchmesser D_o vor dem Walzen und dem Walzgrad berechneten Ausdehnung der gewalzten Ausgangskörner in Blechnormalenrichtung D_{oWalz} verglichen. Die Korngrößen streuen um die in den Tabellen angegebenen Werte um etwa ± 20%. In Tab. 1 ist weiterhin der sich während der Rekristallisationsglühung aus den übersättigten Mischkristallen ausscheidende (durch Leitfähigkeitsmessungen bestimmte) Mangangehalt (Δ) angegeben.

2.4 Polfiguren

Von den gewalzten und geglühten Proben wurden {111}- sowie {200}-Polfiguren aufgenommen, und zwar sowohl direkt von der Oberfläche als auch nach Abätzen vom Probeninneren. Dabei wurden in der Schicht von 0,2 mm unter der Oberfläche bis zur Mitte keine Unterschiede beobachtet. Die Polfiguren wurden im Rückstrahlbereich bis zum 85°-Kreis auf einem automatisch korrigierenden und automatisch Polfiguren zeichnenden Röntgengoniometer aufgenommen [18]. Während der Messung führte die Probe auf einem Schlitten eine Hin- und Herbewegung senkrecht zur Walzrichtung aus, um über eine größere Anzahl von Körnern zu mitteln. Das Gerät wurde so geeicht, daß die jeweils erste gezeichnete Höhenlinie der Intensität einer Aluminiumpulverprobe mit regelloser Orientierungsverteilung entspricht. Die übrigen Höhenlinien in den Polfiguren geben ganzzahlige Vielfache dieser Intensität, wobei häufig der besseren Übersicht wegen einzelne Höhenlinien weggelassen wurden.

3. Experimentelle Ergebnisse

3.1 Walztexturen

Alle aus den gemessenen Walztexturen abgeleiteten Ideallagen sind in Tab. 2 zusammengestellt und in Abb. 1 mit jeweils einer Komponente gezeichnet. Beim Walzen quer zur Strangpreßrichtung erhält man für alle Walzgrade und Legierungen bis etwa 1,0% Mn sehr ähnliche Texturen, wobei auch zwischen Probenoberfläche und -innerem nur geringe Unterschiede auftreten. Die Abb. 2 - 4 zeigen Beispiele. Die Unterschiede zwischen Texturaufnahmen von verschiedenen Stellen desselben Bleches sind hier etwa gleich groß wie die Unterschiede zwischen den verschiedenen Legierungen. Die Texturen entsprechen ungefähr der üblicherweise bei Aluminium beobachteten Walztextur, der sogenannten S-Lage und lassen sich am besten durch die (124) $[21\bar{1}]$-Lage, auch durch die (123) $[63\bar{4}]$-Lage - in einigen Fällen mit Tendenzen zur (113) $[33\bar{2}]$-Lage - beschreiben. Auffällig ist, daß selten alle vier symmetrischen Komponenten gleich stark vorhanden sind, die Polfiguren also keine Symmetrie zur Walz- und Querrichtung aufweisen.

Abweichungen von diesem Verhalten findet man bei höheren Mangangehalten (etwa ab Leg. 5b, deutlich jedoch bei den Legierungen Nr. 6) für die Oberflächentexturen. Sie sind symmetrisch zur Walz- und Querrichtung, besitzen ausgeprägte Maxima und lassen sich sehr gut durch die zweikomponentige Ideallage (113) $[33\bar{2}]$ beschreiben (siehe Abb.5), die einer 10° um die Querrichtung gedrehten (112) $[11\bar{1}]$-Lage entspricht. (Würde man noch 25° weiter drehen, so gelangte man zu der häufig an der Oberfläche von gewalztem Aluminium beobachteten schrägen Würfellage (001) [110].) Die Innenschichtwalztexturen der Legierungen Nr. 6b und 6c sind in den meisten Fällen sehr verwaschen (Abb.6) und nur an einigen Stellen des Bleches relativ stark ausgeprägt. Das Material Nr. 1 und 4a wurde auch parallel zur Strangpreßrichtung gewalzt. Nach einem Walzgrad von 80% sind die Texturen beider Legierungen sehr verwaschen, wobei sich an der Oberfläche noch gewisse Ähnlichkeiten mit der ursprünglichen Strangpreßtextur zeigen. Nach 95% Walzung erhält man im Inneren für beide Materialien wieder die (124) $[21\bar{1}]$-Lage, an der Oberfläche bei Reinstaluminium eine etwa durch (139) $[32\bar{1}]$ zu bezeichnende Lage (Abb.7) und bei der Legierung Nr. 4a eine Textur, die sich eindeutig besser durch die Ideallage (145) $[83\bar{4}]$ als durch (124) $[21\bar{1}]$ beschreiben läßt, was einer Verschiebung in Richtung zur Messingwalzlage (011) $[21\bar{1}]$ entspricht. Die Legierungen Nr. 1 und 4a wurden schließlich noch bis 99% gewalzt. Die Texturen der Oberfläche und der Innenschicht sind dann bis auf geringe Unterschiede meistens einander gleich. Sie lassen sich beim Reinstaluminium wieder durch (124) $[21\bar{1}]$ und bei der Legierung Nr. 4a für beide Walzarten wieder besser durch (145) $[83\bar{4}]$ beschreiben (Abb.8).

Beim Kreuzwalzen der Legierung Nr. 4a kann die Textur der Oberfläche und des Blechinneren gut durch die zweikomponentige Ideallage (011) $[32\bar{2}]$ indiziert werden (Abb.9). Diese Lage, die zu beiden Walzrichtungen symmetrisch ist, entspricht einer 10° um die Blechnormale gedrehten Messinglage (011) $[21\bar{1}]$.

3.2 Diskussion der Walztexturen

Die Walztexturen kubischflächenzentrierter Metalle bestehen im allgemeinen entsprechend der Symmetrie des Walzvorganges aus vier an Walz- und Querrichtung zueinander symmetrischen Komponenten. Bei den hier gemessenen Texturen fehlt diese Symmetrie häufig, indem nur zwei der vier Orientierungskomponenten auftreten bzw. besonders stark sind. Dabei hat die Durchsicht einer großen Anzahl gemessener Polfiguren ergeben, daß an der Oberfläche bevorzugt die zur Walzrichtung symmetrischen Komponenten auftreten (I und II, bzw. III und IV, Abb.14a). Im Probeninneren fehlt hingegen gerade diese Kombination, und es treten entweder die zur Querrichtung zueinander symmetrischen Komponenten auf (I und IV, bzw. II und III) oder aber die, die sich durch eine 180°-Drehung um die Blechnormale ineinander überführen lassen (I und III, bzw. II und IV). Diese Erscheinung ist noch nicht verstanden und beruht wahrscheinlich darauf, daß die verschieden orientierten Kristalle beim Walzen unterschiedliche äußere Gestaltänderungen erfahren und dennoch kompatibel bleiben müssen [19]. Da bei den Polfigurbestimmungen die Probe mit einem Hub von 15 mm senkrecht zur Walzrichtung hin- und herbewegt wurde, müssen sich die Gebiete, in denen dieselben beiden Komponenten gemeinsam auftreten, über größere, viele Körner umfassende Bereiche in der Walzebene erstrecken. Die Texturunterschiede zwischen den senkrecht und parallel zur Strangpreßrichtung gewalzten Proben weisen darauf hin, daß die Strangpreßtextur und damit die Ausgangsorientierung der Körner relativ zur Walzrichtung von Einfluß auf die Texturausbildung ist. Die Entstehung von besonderen Oberflächentexturen beim Walzen ist schon häufig beschrieben und diskutiert worden [20,21], allerdings können die hier gefundenen Texturunterschiede zwischen Oberfläche und Innerem im einzelnen nicht gedeutet werden. Die nach dem Kreuzwalzen beobachtete Ideallage entspricht genau der von Merlini und Beck [22] an kreuzgewalzten Kupferblechen beobachteten Hauptlage.

Besonders interessant ist das Auftreten der (145) [83$\bar{4}$]-Lage. Sie wird, wie Tab. 2 zeigt, besonders bei höherem Legierungsgehalt und höheren Walzgraden gefunden und stellt einen Übergang zwischen der für Reinstaluminium typischen (124) [21$\bar{1}$]-Lage und der bekannten Messinglage (011) [21$\bar{1}$] dar. Praktisch die gleiche Lage ((145) [94$\bar{5}$]) wurde von Merlini und Beck[23] an Kupfer mit 3%Zn gefunden. Wie sich dort bei Kupfer durch Zulegieren von Zink die Walztextur von der Kupfertextur zur Messingtextur hin ändert, scheint es also auch beim Aluminium-Mangan einen Legierungstyp der Walztextur zu geben. Auf solche Übergänge der Aluminium-Walztexturen durch Zulegieren ist bereits mehrfach hingewiesen worden (s. z.B. [13]).

Die ebenfalls in Tab. 2 angegebene Lage (123) [63$\bar{4}$] ist der (124) [21$\bar{1}$]-Lage sehr ähnlich und soll deshalb hier nicht gesondert betrachtet werden.

3.3 Rekristallisationstexturen

Eine Auswertung aller Texturmessungen dieser Arbeit hat ergeben, daß die Texturen nach beendeter Primärrekristallisation eindeutig abhängen von der entsprechenden Walztextur, aus der sie hervorgehen. Keine Abhängigkeit ist dagegen festgestellt worden vom Legierungsgehalt, der Vorbehandlung der Proben oder der Glühtemperatur. In Tab. 3 sind die aus den verschiedenen Walztexturen hervorgehenden idealen Rekristallisationslagen aufgeführt. Hier wird ganz überwiegend die Würfellage (001) [100] beobachtet, wobei jedoch häufig in unsystematischer Weise geringfügige Abweichungen von der idealen Lage (Drehungen um die Walzrichtung und um die Blechnormale bis etwa 5°) und unterschiedliche Streuungen auftreten. Die Abb. 10a und b zeigen Beispiele. Die häufig beobachteten, z.B. in Abb. 10b gezeigten schwachen einsinnigen Drehungen der Würfellage sind zweifellos auf Unsymmetrien der Walztextur zurückzuführen, die, wie vorne erläutert, meist dadurch zustande kommen, daß in einem bestimmten Gebiet jeweils nur zwei der vier Komponenten dieser Textur auftreten.

Charakteristische Abweichungen entstehen an der Oberfläche der Legierungen Nr. 5b bis 6c, die eine gemessene Walztextur (113) [33$\bar{2}$] besitzen. Die Rekristallisationstexturen lassen sich dort beschreiben durch eine um die Blechnormale gedrehte Würfellage mit Drehwinkel von 12 bis 24°, was Indizierungen von (001) [150] bis (001) [250] entspricht. Abb. 11 zeigt ein Beispiel. Diese starken symmetrischen Drehungen sind streng zu unterscheiden von den zufälligen Drehungen wie in Abb. 10c. Weiterhin ergibt sich aus der Walztextur (145) [83$\bar{4}$] eine Rekristallisationstextur, die durch eine Überlagerung der Würfellage (001) [100] und Goßlage (011) [100] gut beschrieben werden kann (Abb. 12). Die Rekristallisationstextur nach dem Kreuzwalzen wird gut erfaßt durch die beiden zweikomponentigen Ideallagen (012) [100] und (012) [02$\bar{1}$] (Abb. 13), die sich durch eine 90°-Drehung um die Blechnormale ineinander überführen lassen.

4. Orientierungsbeziehungen

4.1 Orientierungsbeziehungen zwischen den hier gefundenen Walz- und Rekristallisationstexturen

Bei kubischflächenzentrierten Metallen sind die Rekristallisationslagen häufig dadurch gekennzeichnet, daß sie zu mehreren oder sogar allen Walzlagen eine angenähert durch eine 40°-Drehung um eine ⟨111⟩-Achse gegebene Orientierungsbeziehung besitzen. Es soll nunmehr geprüft werden, ob diese Bedingung auch bei den hier gefundenen Texturen erfüllt ist. Dabei wird so vorgegangen, daß für jede der 4 (bzw. 2) Walzkomponenten die acht möglichen 40°-⟨111⟩-Drehungen (vier ⟨111⟩ Achsen mit jeweils positivem und negativem Drehsinn) zunächst ausgeführt werden und dann festgestellt wird, ob es Sätze von 4 (bzw. 2) von den 4 (bzw. 2) verschiedenen Walzkomponenten herrührenden Drehungen gibt, bei denen alle 4 (bzw. 2) Drehungen zu annähernd der gleichen Orientierung führen.

Beispielsweise besteht die in dieser Arbeit am häufigsten gefundene (124) $[21\bar{1}]$ Walztextur aus den in Abb. 14a gezeigten vier zueinander symmetrischen Komponenten (I bis IV). Die Abb. 14b und c zeigen nun zwei solcher zu ähnlichen Orientierungen führenden Kombinationen der vier 40° ⟨111⟩-Rotationen. In Abb. 14b (Rotation um die Pole C) sieht man, daß die Würfellage (001) [100] gerade zwischen den durch Drehung erhaltenen Orientierungen liegt. Die Würfellage ist also eine "Kompromißlage", die angenähert eine 40° ⟨111⟩ Orientierungsbeziehung zu allen vier Walzlagen besitzt. Abb. 14c (Rotation um die Pole B) zeigt eine andere Kombinationsmöglichkeit von 40° ⟨111⟩ Drehungen, die zur Goßlage (011) [100] als Kompromißlage führt. Allerdings ist hier der Kompromiß weniger gut, wie unten anhand von Tab. 4 erläutert wird.

Dieselben Betrachtungen gelten für die Lagen (123) $[64\bar{3}]$, (139) $[32\bar{1}]$ und (145) $[83\bar{4}]$, da diese sehr dicht bei (124) $[21\bar{1}]$ liegen. Auch hier erhält man bei Drehungen um die Pole C die Würfellage und bei Drehungen um die Pole B die Goßlage als Kompromißorientierungen. Wie Abb. 15b zeigt, ergibt sich bei der (145) $[83\bar{4}]$ Walzlage auch bei Rotationslagen um die Pole C die Goßlage als Kompromiß (im Gegensatz zu Abb. 14b), der allerdings nicht so günstig ist wie bei der Würfellage.

Die bei der Rekristallisation der aus nur zwei Komponenten (113) $[33\bar{2}]$ bestehenden Walztextur beobachteten gedrehten Würfellagen (Abb. 11) lassen sich ebenfalls durch die 40° ⟨111⟩ Rotation beschreiben. Wie Abb. 16 zeigt, ergeben sich bei 40° Rotationen um die gleichwertigen Pole A und C als Kompromißlagen Drehungen der Würfellage um 22°. Die meistens beobachteten etwas kleineren Drehungen (14° in Abb. 11) lassen sich dadurch erklären, daß nicht die reine (113) $[33\bar{2}]$-Lage vorliegt, sondern häufig eine Abweichung in Richtung auf die (124) $[21\bar{1}]$-Lage auftritt.

Abb. 17 zeigt schließlich, daß ebenfalls für die zweikomponentige Kreuzwalztextur (011) $[32\bar{2}]$ 40° ⟨111⟩ Rotationen um die gleichwertigen Pole B und C zu den beobachteten Rekristallisationslagen (Abb. 13) führen. Je nach Kombination der Plus- oder Minus-Drehungen ergeben sich als günstige Kompromißorientierungen exakt die beobachteten Lagen (012) [100] und (012) [02$\bar{1}$].

4.2 Auswahl der möglichen Kompromißlagen

Da es mehrere Kompromißlagen auf 40° ⟨111⟩ Basis geben kann (z.B. in Abb. 14b und c die Würfel- und die Goßlage), ist es von Interesse festzustellen, welche Kompromißlagen überhaupt kristallographisch möglich sind. Zu diesem Zweck wurden für die (124) [21$\bar{1}$]-Lage für alle vier Komponenten die 8 möglichen 40° ⟨111⟩ Drehungen ausgeführt. Die erhaltenen {111}-Pole sind in Abb. 18a unter Angabe von Drehachse und Drehsinn wiedergegeben, wobei die vier Komponenten durch vier verschiedene Symbole gekennzeichnet sind. Es wurden nun die Stellen herausgesucht, wo {111}-Pole, die von allen vier oder zumindest von drei Komponenten der (124) [21$\bar{1}$]-Lage herrühren, näher als 18° zusammenliegen, und es wurde dann geprüft, ob die zugehörigen anderen {111}-Pole ebenfalls einen Abstand kleiner als 18° haben. Es ergibt sich, daß ein solches Zusammenfallen von vier Orientierungen nur in vier Fällen erhalten wird, und zwar in den Fällen, in denen die vier Walzkomponenten jeweils nur um einen Achsentyp gedreht wurden (A, B, C oder D). Man sieht, daß diese Orientierungen sich gruppieren um die vier in Abb. 18b gegebenen hochsymmetrischen Lagen (001) [100] , (011) [100], (001) [110] und (011) [01$\bar{1}$], die somit Kompromißlagen mit relativ guter 40° ⟨111⟩ Beziehung zu allen vier Walzkomponenten darstellen. In Tab. 4 ist der Orientierungsabstand ρ 2) dieser Lagen zu den vier durch Rotation entstandenen Lagen angegeben. Weiterhin zeigte sich, daß man nur eine zusätzliche Kompromißlage erhält, wenn man vom Zusammentreffen von nur drei solcher 40°-Rotationen verschiedener Walzkomponenten ausgeht. Dies ist die in Abb. 18c dargestellte sogenannte R-Lage (s. auch Tab. 4), die sehr dicht bei der nicht gedrehten ersten Komponente liegt.

In Tab. 4 sind außerdem die Orientierungsabstände eingetragen, die man in entsprechender Weise erhält, wenn man von den anderen beobachteten z.T. nur geringfügig von (124) [21$\bar{1}$] abweichenden Walzlagen ausgeht. Dabei ist zu beachten, daß bei den beiden symmetrischen und daher nur aus zwei Komponenten bestehenden Walzlagen nur zwei Drehungen auszuführen sind, wobei bei der Lage (113) [33$\bar{2}$] die A-Achse mit der C-Achse und bei der Lage (011) [32$\bar{2}$] die B-Achse mit der C-Achse und die A-Achse mit der D-Achse identisch ist.

Die experimentell gefundenen Rekristallisationslagen, die aus Tab. 3 entnommen und in Tab. 4 durch ein Kreuz gekennzeichnet sind, sind anscheinend solche Kompromißlagen, die sich durch den kleinsten Orientierungsabstand ρ zu den um 40° ⟨111⟩ gedrehten Walzlagen auszeichnen. Insbesondere bei der Walzorientierung (145) [83$\bar{4}$], wo Würfellage und Goßlage etwa den gleichen Orientierungsabstand besitzen, werden auch beide Lagen experimentell gefunden (Abb. 12). Eine gewisse Ausnahme findet man bei der Oberflächentextur (139) [32$\bar{1}$] von Reinstaluminium. Hier hat die nicht auftretende Goßlage den kleinsten, hingegen die beobachtete Würfellage nur den zweitkleinsten Orientierungsabstand. Die Ursache für diese Ausnahme ist nicht klar. Wenn man sie darauf zurückführen will, daß aus irgend einem Grund Rotationen um B (Goßlage) gegenüber solchen um C benachteiligt sind, dann ließe sich auch nicht bei der Lage

(145) [83$\bar{4}$] das Auftreten der Goßlage aufgrund des gleich großen Orientierungsabstandes verstehen. Man müßte dann annehmen, daß die Tatsache, daß die Goßlage auch durch eine 40° <C>-Drehung näherungsweise erreicht werden kann (Tab. 4, Zeile 2), eine entscheidende Rolle spielt. Allerdings ist der zugehörige Orientierungsabstand $\rho = 27^{o}$ sehr groß, aber wesentlich kleiner, als bei den Walzlagen (124) [21$\bar{1}$] und (139) [32$\bar{1}$] (40° bzw. 50°).

5. Diskussion

Obgleich, wie Abb. 1 zeigt, die unter verschiedenen Bedingungen durchgeführten Walzungen zu sehr ähnlichen Idealorientierungen führen, zeigen die Rekristallisationstexturen deutliche und reproduzierbare Unterschiede. Im vorangegangenen Abschnitt ist gezeigt worden, daß diese in großem Detail gedeutet werden können, wenn man annimmt, daß jede Rekristallisationslage zu jeder Komponente der Walztextur einen Orientierungszusammenhang möglichst nahe zu 40° <111> besitzen soll. Auf diese Orientierungsbeziehung ist schon in zahlreichen anderen Arbeiten (z.B. [12,24,25]) bei der Deutung einiger spezieller Texturen, insbesondere der Würfellage, hingewiesen worden. Die vorliegende Arbeit hat auch für andere Rekristallisationstexturen diese 40° <111> Beziehung nachgewiesen und darüber hinaus gezeigt, daß sich auf diese Weise auch kleine Unterschiede der Rekristallisationstexturen im Detail deuten lassen. In diesem Sinne ist hier also die primäre Rekristallisationstextur praktisch vollständig durch die Walztextur bestimmt, ohne daß ein zusätzlich direkter Einfluß der anderen Parameter, z.B. des Legierungsgehaltes, besteht. Ein solches Verhalten wurde auch weitgehend für Kupfer und Kupferlegierungen gefunden [26].

Nach einem Vorschlag von Beck wurde diese Orientierungsbeziehung und damit die Entstehung der Rekristallisationstexturen aus den Verformungstexturen häufig mit Hilfe der Theorie des orientierten Wachstums gedeutet [24,25,27,28]. Dabei wird angenommen, daß nur diejenigen Keimorientierungen einen maßgebenden Anteil des rekristallisierten Gefüges bestimmen, die relativ schnell in das verformte Gefüge einwachsen können. Handelt es sich dabei um einen verformten Einkristall, so findet man also direkt die einer maximalen Wachstumsgeschwindigkeit entsprechenden Orientierungsbeziehungen.

Bei polykristallinem Material muß man hingegen zwei Fälle unterscheiden. Ist der Abstand der Rekristallisationskeime klein gegenüber der verformten Matrixkorngröße, so wird der Wachstumsausleseprozeß innerhalb der einzelnen Körner wie im Einkristall ablaufen, und man braucht zur Konstruktion der Rekristallisationstextur lediglich die aus den Einkristallexperimenten gefundenen Orientierungsbeziehungen maximaler Wachstumsgeschwindigkeit auf die einzelnen verformten Kornorientierungen anzuwenden. Die dabei entstehende Textur ist also die Summe der Orientierungen, die bei unabhängiger Rekristallisation der einzelnen Komponenten der Verformungstextur entstehen würde (Summentextur). Ist dagegen der Keimabstand groß im Vergleich zur Größe der verformten Körner, so muß ein Keim gleichzeitig in mehrere verformte Körner einwachsen. Es werden dann nicht die Kornorientierungen mit maximaler Wachstumsgeschwindigkeit in einzelne Verformungskomponenten auftreten, sondern die mit relativ guter Wachstumsgeschwindigkeit in möglichst viele Komponenten, d.h. im allgemeinen die Kompromißorientierungen zwischen den Orientierungen mit maximaler Wachstumsgeschwindigkeit in bezug auf die einzelnen Verformungskomponenten (Kompromißtexturen). Das Wirken dieses Kompromißmechanismus wurde von Lücke und Rixen [28] durch Vergleich von Wachstumsausleseexperimenten an Einkristallen und der Rekristallisationstexturen für hexagonale Metalle ausführlich nachgewiesen. Für Aluminium ergaben Wachstumsausleseversuche an Einkristallen [29-32] sowie direkte Messungen der Korngrenzenwanderungsgeschwindigkeit [32], daß die Orientierungen maximaler Wachstumsgeschwindigkeit durch 40° ⟨111⟩ Rotationen gekennzeichnet sind. Das bedeutet, daß sich die bei kfz Metallen und insbesondere hier bei Aluminium gefundene 40° ⟨111⟩ Beziehung zwischen Walz- und Rekristallisationstexturen ebenfalls durch Wachstumsauslese deuten lassen sollte und die Rekristallisationstextur durch die Keime bestimmt ist, die zu allen Komponenten der Walztextur diese Orientierungsbeziehung besitzen. (Daß in der Tat die rekristallisierten Körner meist in mehrere verformte Körner einwachsen müssen, zeigt Tab. 1 in Fällen, wo $D'/D_{oWalz} \gtrsim 1$ ist.) Allerdings bleiben bei dieser Deutung noch eine Reihe wichtiger Fragen offen:

1) Bei Wachstumsausleseversuchen an Al-1%Mn Einkristallen wurde nicht der Orientierungszusammenhang 40° ⟨111⟩ , sondern 154° ⟨553⟩ gefunden [29,31,32]. Entsprechend wurde bei den Aluminium-Mangan-Legierungen für die bei der Kornvergrößerung entstehenden Texturen auch dieser Orientierungszusammenhang beobachtet [33], während hier bei der primären Rekristallisation eine 40° ⟨111⟩ Beziehung zu bestehen scheint. Da die ⟨553⟩ Achsen von den ⟨111⟩ Polen nur 10° entfernt sind und da eine 160° ⟨111⟩ Rotation wegen der dreizähligen Symmetrie identisch mit einer 40° ⟨111⟩ Rotation ist, sind die beiden Rotationen 154° ⟨553⟩ und 40° ⟨111⟩ jedoch einander ähnlich. Insbesondere liegt, wie Abb. 19 zeigt, eine 40° ⟨111⟩ Rotation stets im Zentrum dreier 154° ⟨553⟩ Rotation. Daher läßt sich im Rahmen der hier vorliegenden Streuungen nicht zwischen diesen beiden Orientierungszusammenhängen unterscheiden, und es soll daher im folgenden stets nur die einfachere 40° ⟨111⟩ Beziehung betrachtet werden.

2) Der physikalische Grund, warum eine 40° ⟨111⟩ Orientierungsbeziehung zu einer maximalen Wachstumsgeschwindigkeit führt, läßt sich bis jetzt noch nicht eindeutig angeben. Diese Problematik ist jedoch an einer anderen Stelle beschrieben [34] und soll daher hier nicht weiter diskutiert werden.

3) Selbst wenn man es als geklärt ansieht, daß die 40° ⟨111⟩-Orientierungsbeziehung das Ergebnis einer Wachstumsauslese ist, so bleibt noch die Frage nach der Auswahl der beobachteten 40° ⟨111⟩ Drehungen aus den 8 möglichen. Das weiter oben erläuterte Prinzip, daß die Drehachsen auftreten, die zu dem günstigsten Kompromiß gegenüber allen Walzkomponenten führen, wird durch Tab. 4 zwar im großen und ganzen eindrucksvoll bestätigt, bleibt jedoch nicht ohne Ausnahme: Es ist nicht klar, warum bei der Walzlage $(139)[32\bar{1}]$ die Würfellage an Stelle der durch den kleineren Orientierungsabstand zu den um 40° ⟨111⟩ gedrehten Walzlagen ausgezeichneten Goßlage auftritt. In einer kürzlich

durchgeführten Arbeit an gewalzten Aluminium-Einkristallen konnten Lücke, Rixen und Senna [35] die Auswahl der Drehachsen eindeutig auf die Verfügbarkeit der Keime zurückführen. Es ist offen, in welchem Umfang dieses Prinzip auch hier wirksam ist.

4) Von anderen Autoren wurde an Aluminium und Aluminium-Legierungen bei Vorliegen der üblichen auch hier gemessenen Walztexturen vom Typ (124) [21$\bar{1}$] als Rekristallisationstextur neben der Würfellage häufig auch die der Walztextur ähnliche R-Lage gefunden [1,2] . Es ist überraschend, daß diese Lage hier auch nicht andeutungsweise beobachtet wurde. Für diese R-Lage sind zwei Bildungsmechanismen diskutiert worden:

(a) Die Rekristallisation in situ. Hier handelt es sich um einen Polygonisationsvorgang, bei dem sich Versetzungen zu Großwinkelkorngrenzen zusammenlagern, so daß schließlich das neu entstandene Gefüge nicht von einem echt rekristallisierten unterschieden werden kann, jedoch die Orientierung der verformten Matrix im Mittel erhalten bleibt. Die Rekristallisation in situ tritt bevorzugt auf [3] (i) nach sehr hohen Verformungsgraden und (ii) bei einem Zustand der Verunreinigungen oder Legierungselemente, der die Bewegung von Großwinkelkorngrenzen unterdrückt. Ein besonderer Einfluß soll Ausscheidungen zukommen, die sich erst während der Rekristallisationsglühung bilden [16] .

(b) Wachstumsauslese bei Ablauf einer echten Rekristallisation. Wie vorn erläutert, steht jede Walzkomponente von (124) [21$\bar{1}$] gegenüber den anderen drei Walzkomponenten in einer 40° ⟨111⟩ Beziehung (Abb. 18c), so daß Keime der Orientierung einer Komponente noch gut in die jeweils drei übrigen verformten Komponenten, d.h. bei symmetrischen Texturen in 3/4 des Volumens der verformten Matrix, einwachsen könnten. Sie sind damit gegenüber der Würfellage, die in alle vier Komponenten einwachsen kann, nur wenig benachteiligt. Allerdings wird das Wachstum eines Kornes in R-Lage sofort gestoppt, sobald es auf ein Korn der gleichen Verformungskomponente trifft, da Kleinwinkelkorngrenzen relativ unbeweglich sind.

Nach diesen Vorstellungen sollten die Bedingungen der vorliegenden Arbeit günstig für das Auftreten der R-Lage sein: (i) Es ist eine beträchtliche Menge Mangan gelöst (s. Tab. 1), die die Rekristallisationsgeschwindigkeit stark herabsetzen sollte [36]; (ii) gemäß Tab. 1 liegt das Mangan in übersättigter Lösung vor (Gleichgewichtslöslichkeit bei 350°C $\approx$ 0,05%Mn und bei 450°C $\approx$0,19%Mn); (iii) bei der Legierung Nr. 6a werden während der Rekristallisationsglühung bei 450°C ca. 0,25% Mn ausgeschieden; (iv) der Verformungsgrad wurde sowohl beim Reinstaluminium als auch bei der Legierung Nr.4a auf 99% erhöht; (v) bei den Legierungen mit höherem Mangan-Gehalt ist die rekristallisierte Korngröße in Blechnormalenrichtung etwa gleich der Dicke der gewalzten Körner, so daß die Keime nur in eine verformte Orientierung einwachsen mußten (s. Tab. 1).

Da nun trotzdem die R-Lage hier nie gefunden wurde, folgt also, daß die bisherigen Vorstellungen über ihre Bildung nicht ausreichen. Es hat den Anschein, als ob ihr Auftreten an kleine Beimengungen von Eisen gebunden ist [37] .Jedoch ist die Wirkungsweise dieses Legierungszusatzes noch nicht verstanden. So ist noch offen, unter welchen genauen Umständen die R-Lage durch eine echte Rekristallisation oder durch Rekristallisation in situ gebildet wird und ob das Eisen durch dritte Elemente ersetzt werden kann. Nach den vorliegenden Ergebnissen führt der Zusatz von Mangan jedenfalls nicht zur R-Lage. Überhaupt ist es bemerkenswert, daß die Unterschiede in den Konzentrationen und die großen Unterschiede in der Vorbehandlung der Proben, die gemäß Tab. 1 zu großen Unterschieden im Gehalt an gelöstem und ausgeschiedenem Mangan führen, kaum einen Einfluß auf die Rekristallisationstexturen besitzen. Sie besitzen lediglich einen Einfluß auf die Rekristallisationsdauer (t_E gemäß Tab. 1), die hauptsächlich durch den in Lösung befindlichen Mangangehalt bestimmt zu sein scheint.

Literaturverzeichnis

[1] Wassermann G. und Grewen J., Texturen metallischer Werkstoffe, Springer-Verlag, Berlin/Göttingen/Heidelberg 2. Aufl. (1962).

[2] Stüwe H.P., in D. Altenpohl, Aluminium und Aluminiumlegierungen, Springer-Verlag, Berlin/Göttingen/Heidelberg/New York (1965) S. 380.

[3] Beck P.A., in D. Altenpohl, Aluminium und Aluminiumlegierungen, Springer-Verlag, Berlin/Göttingen/Heidelberg/New York (1965) S. 410.

[4] Beck P.A. und Hu H., in Recrystallization, Grain Growth and Textures, Herausg.: H. Margolin, ASM, Metals Park Ohio (1966) S. 393.

[5] Grewen J. und Wassermann G., Texturen in Forschung und Praxis, Springer-Verlag, Berlin/Heidelberg/New York (1969).

[6] Grewen J., in Recrystallization of Metallic Materials, Herausg.: F. Haeßner, Dr. Riederer Verlag, Stuttgart (1971) S. 135.

[7] Beck P.A. und Hu H., Trans AIME 194 (1952) 83.

[8] Lücke K., Z. Metallkde. 45 (1954) 86.

[9] Bunk W., Lücke K. und Masing G., Z. Metallkde. 45 (1954) 584.

[10] Bunk W. und Esslinger P., Z. Metallkde. 50 (1959) 278.

[11] Stüwe H.P., Z. Metallkde. 54 (1961) 34.

[12] Grewen J., Metall 19 (1965) 212 und 604.

[13] Bunk W., Z. Metallkde. 56 (1965) 645 und 57 (1966) 345.

[14] Bunk W., in Recrystallization, Grain Growth and Textures, Herausg.: H. Margolin, ASM, Metals Ohio (1966) S. 454.

[15] Grewen J. und v. Heimendahl M., Z. Metallkde. 59 (1968) 205.

[16] Grewen J., Z. Metallkde. 59 (1968) 236.

[17] Brown K., Met. Trans. 2 (1971) 2983.

[18] Lücke K., Burmeister G., Alam R. und Mengelberg H.D., demnächst.

[19] Mecking H., persönliche Mitteilung.

[20] Regenet J.P. und Stüwe H.P., Z. Metallkde. 54 (1963) 273.

[21] Mecking H., Z. Metallkde. 61 (1970) 697.

[22] Merlini A. und Beck P.A., Acta Met. 1 (1953) 598.

[23] Merlini A. und Beck P.A., Trans AIME 203 (1955) 385.

[24] Beck P.A., Advances in Physics (Phil. Mag. Sup.) 3 (1954) 245.

[25] Dillamore I.L., Acta Met. 12 (1964) 1005.

[26] Teil III des vorliegenden Berichts.

[27] Bunge H.J., Rekristallisation metallischer Werkstoffe VEB Deutscher Verlag für Grundstoffindustrie, Leipzig (1966) S. 36.

[28] Lücke K. und Rixen R., Met. Trans. 1 (1970) 259.

[29] Ibe G. und Lücke K., in Recrystallization, Grain Growth and Textures, Herausg.: H. Margolin, ASM, Metals Park Ohio (1966) S. 434.

[30] Ibe G., Dietz W., Fraker A.C. und Lücke K., Z. Metallkde. 61 (1970) 498.
[31] Lücke K., Rixen R. und Rosenbaum F.W., in "The Nature and Behaviour of Grain Boundaries", Ed.: H. Hu, Plenum Publishing Corporation (1972).
[32] Lücke K., Rixen R., Sixt G. und Perlwitz H.J., demnächst.
[33] Teil II des vorliegenden Berichts.
[34] Lücke K., Canadian Metallurgical Quarterly, Vol. 13, No. 1, January-March 1974, p. 261.
[35] Lücke K., Rixen R. und Senna M., Acta Met, 24 (1976) 103.
[36] Masing G., Lücke K. und Nölting P., Z. Metallkde. 47 (1956) 64.
[37] Ito K., Lücke K. und Rixen R., Z. Metallkde. 67 (1976) 338.

Anmerkungen

1) Hauptverunreinigungen der fertigen Legierungen (in ppm): Mg: 3,5-7,0; Si: 8,0-12,6; Ca: 1,0-4,0; Fe: 1,6-2,5; Cu: 1,5-3,0; Gesamtverunreinigungen < 40 ppm.
2) Als Orientierungsabstand ρ sei hier der größte der vier Winkelabstände zwischen den einander entsprechenden $\{111\}$ Polen zweier Orientierungen bezeichnet.

Tabellen

Tabelle 1: Zustand der stranggepreßten Legierungen vor dem Kaltwalzen sowie nach der Rekristallisationsglühung.

	Vor dem Kaltwalzen					Nach Rekristallisation bei 350°C				Nach Rekristallisation bei 450°C			
Leg. Nr.	Wärmebehandlung in °C/h	% Mn gesamt	% Mn ausgeschieden	% Mn gelöst	D_O in mm	t_E in s	D in mm	$\frac{D'}{D_{OWalz}}$	Δ%Mn ausgeschieden	t_E in s	D in mm	$\frac{D'}{D_{OWalz}}$	Δ%Mn ausgeschieden
1	-	-	-	-	0,40	1	0,11	3,9	-	1	0,098	2,5	-
2	-	0,1	-	0,1	0,33	100	0,068	2,0	-	10	0,072	2,2	-
3	-	0,5	-	0,5	0,22	1000	0,068	3,9	-	10	0,051	2,4	-
4a	-	1,0	0,05	0,95	0,17	$>10^6$				10	0,043	2,6	-
4b	500/192	1,0	0,35	0,65	0,25	100	0,018	0,7	0,07	10	0,015	0,6	0,04
5a	-	1,3	0,3	1,0	0,18	$>10^6$				10	0,022	1,2	0,04
5b	500/50	1,3	0,7	0,6	0,24	100	0,017	0,7	0,07	10	0,017	0,7	0,04
6a	650/3	2,0	0,65	1,35	0,28	$>10^6$				10	0,020	0,7	0,25
6b	-	2,0	1,1	0,9	0,26	$>10^6$				10	0,015	0,6	0,02
6c	500/24	2,0	1,45	0,55	0,28	100	0,022	0,8	0,07	1	0,013	0,5	-

Tabelle 2: Zusammenstellung der gemessenen Walztexturen.

Nr.	Art des Walzens	Walzgrad in %	Legierung	Walztextur Oberfläche (s)	Walztextur Inneres (i)
1	senkrecht zur Strangpreßrichtung	95	1-5a	(124) $[21\bar{1}]$/ (123) $[63\bar{4}]$	(124) $[21\bar{1}]$
2			5b-6a	(113) $[33\bar{2}]$	(124) $[21\bar{1}]$
3			6b-6c	(113) $[33\bar{2}]$	verwaschen
4		97,5	4a	(124) $[21\bar{1}]$	(124) $[21\bar{1}]$
5		99	4a	(124) $[21\bar{1}]$	(145) $[83\bar{4}]$
6	parallel zur Strangpreßrichtung	80	1+4a	verwaschen	(124) $[21\bar{1}]$ (schwach)
7		95	1	(139) $[32\bar{1}]$	(124) $[21\bar{1}]$
8			4a	(145) $[83\bar{4}]$	(124) $[21\bar{1}]$
9		97,5	1	(139) $[32\bar{1}]$	(124) $[21\bar{1}]$
10			4a	(145) $[83\bar{4}]$	(145) $[83\bar{4}]$
11		99	1	(123) $[63\bar{4}]$	(124) $[21\bar{1}]$/ (123) $[63\bar{4}]$
12			4a	(145) $[83\bar{4}]$	(145) $[83\bar{4}]$
13	kreuzgewalzt	95	4a	(011) $[32\bar{2}]$	(011) $[32\bar{2}]$

Tabelle 3: Aus den Walztexturen entstehende Rekristallisationstexturen (s = Oberfläche, i = Inneres)

Walztextur	Nr. in Tabelle 2	Rekrist.-Textur
(124) [$21\bar{1}$]/ (123) [$63\bar{4}$]	1si, 2, 4si, 5s 6i, 7i, 8i, 9i, 11si	(001) [100]
(139) [$32\bar{1}$]	7s, 9s	(001) [100]
verwaschen	3i, 6s	(001) [100]
(145) [$83\bar{4}$]	5i, 8s, 10si, 12si	(001) [100] bis (011) [100]
(113) [$33\bar{2}$]	2s, 3s	(001) [150] bis (001) [250]
(011) [$32\bar{2}$]	13si	(012) [100] und (012) [$02\bar{1}$]

Tabelle 4: Orientierungsabstände ρ (in Grad) zwischen Kompromißlagen und 40° ⟨111⟩ gedrehten Walzlagen. (Experimentell beobachtete Kompromisse sind durch (+) gekennzeichnet. Die ρ-Werte in Klammern entsprechen so großen Orientierungsabständen, daß diese Kompromißorientierungen bei der Texturbildung keine Rolle spielen sollten.)

Dreh-achsen	Kompro-mißlage	Walzlagen				
		(124) [$21\bar{1}$]	(139) [$32\bar{1}$]	(145) [$83\bar{4}$]	(113) [$33\bar{2}$]	(011) [$33\bar{2}$]
C C C C	(001) [100]	4 (+)	16 (+)	12 (+)	(23)	(27)
	(011) [100]	(40)	(50)	27 (+)		
B B B B	(011) [100]	10	8	14 (+)	(21)	(25)
A A A A	(001) [100]	16	(23)	(27)	(23)	(35)
D D D D	(011) [$01\bar{1}$]	17	(28)	(17)	(33)	(42)
A B D	R-Lage	8	24	16		
C C	22° gedrehte				8 (+)	
(≡A A)	W-Lage					
B B	(023) [100]				17	
D D	(011) [$11\bar{1}$]				10	
C C	(012) [100]					
(≡B B)	(012) [$02\bar{1}$]					11 (+)
A A	(112) [$1\bar{1}0$]					
(≡D D)	(112) [$11\bar{1}$]					13

Abbildungen

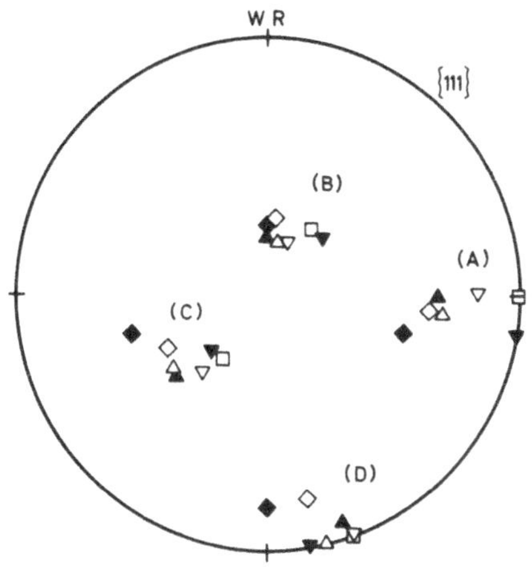

Abb. 1: Ideale Walzlagen (Die Buchstaben A B C D kennzeichnen einander entsprechende Lagen der 111-Pole der verschiedenen Walzlagen)

▲ (124) [21$\bar{1}$]
◇ (113) [33$\bar{2}$]
△ (123) [63$\bar{4}$]
◆ (139) [32$\bar{1}$]
▽ (145) [83$\bar{4}$]
□ (011) [21$\bar{1}$]
▼ (011) [32$\bar{2}$]

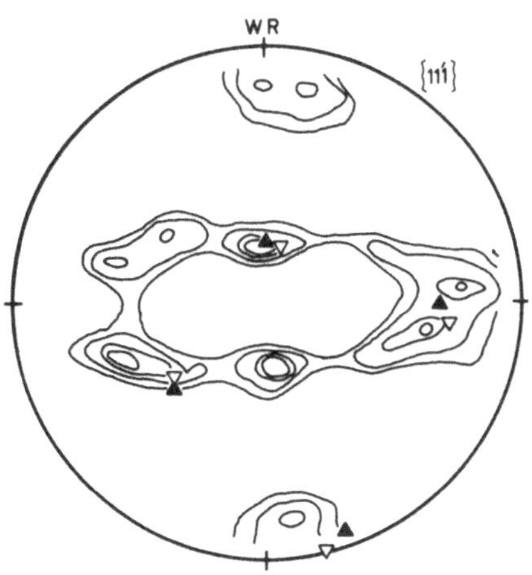

Abb. 2: Reinstaluminium
▲ (124) [21$\bar{1}$]
▽ (123) [63$\bar{4}$]

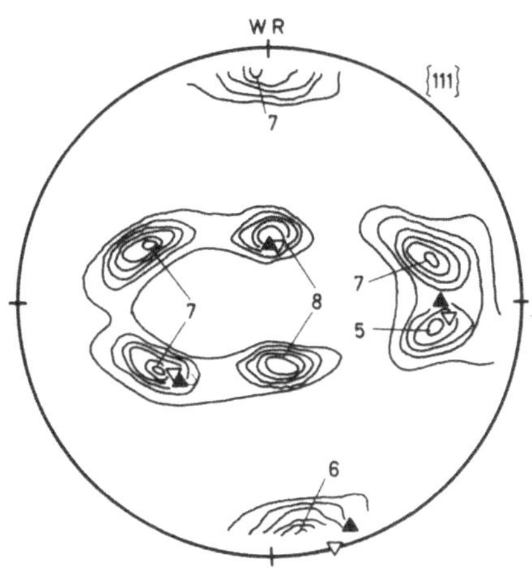

Abb. 3: Legierung 4a
▲ (124) [21$\bar{1}$]
▽ (123) [63$\bar{4}$]

Abb. 2 und 3: Walztexturen der Probenoberfläche nach 95% Verformung quer zur Strangpreßrichtung.

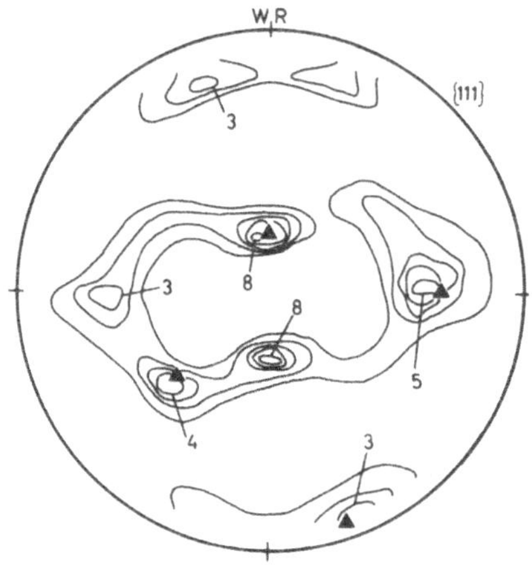

Abb. 4: Legierung Nr. 4a
Probeninneres
▲ (124) [21$\bar{1}$]

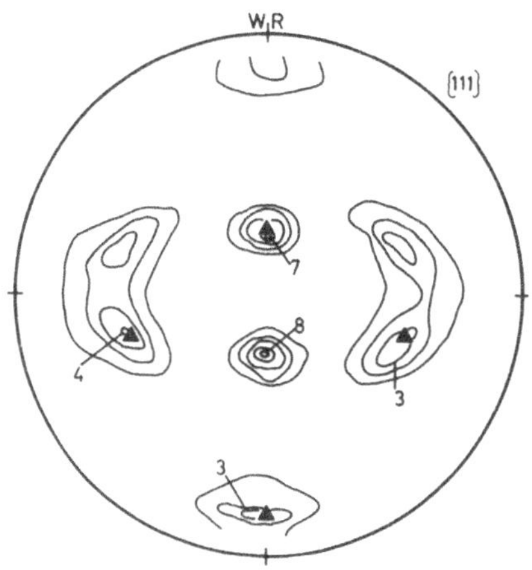

Abb. 5: Legierung Nr. 6b
Probenoberfläche
▲ (113) [33$\bar{2}$]

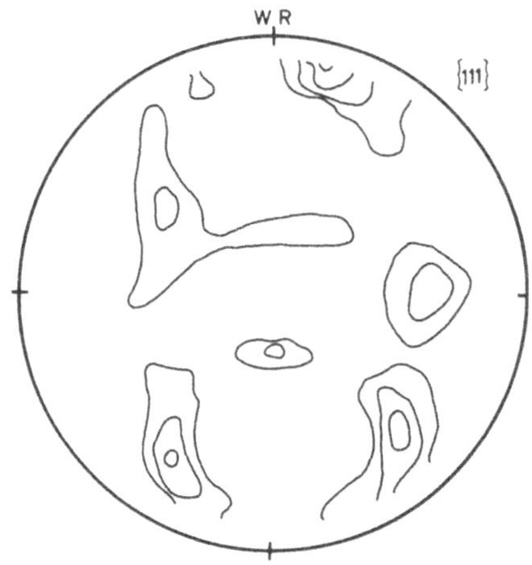

Abb. 6: Legierung Nr. 6c
Probeninneres

Abb. 4 bis 6: Walztexturen nach 95% Verformung quer zur Strangpreßrichtung.

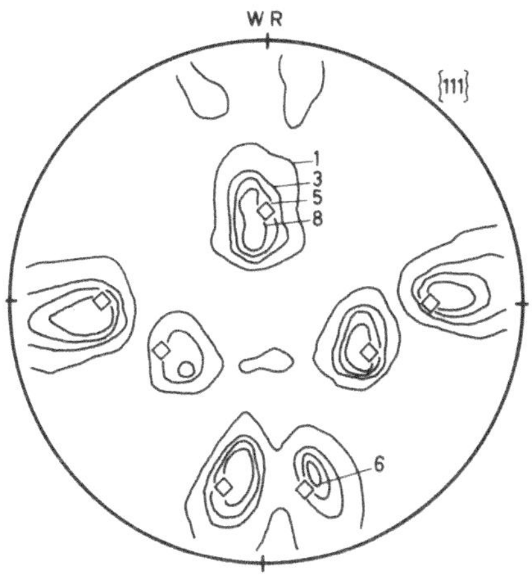

Abb. 7: Reinstaluminium
Probenoberfläche
95% Verformung in Strangpreßrichtung
◇ (139) [32$\bar{1}$]

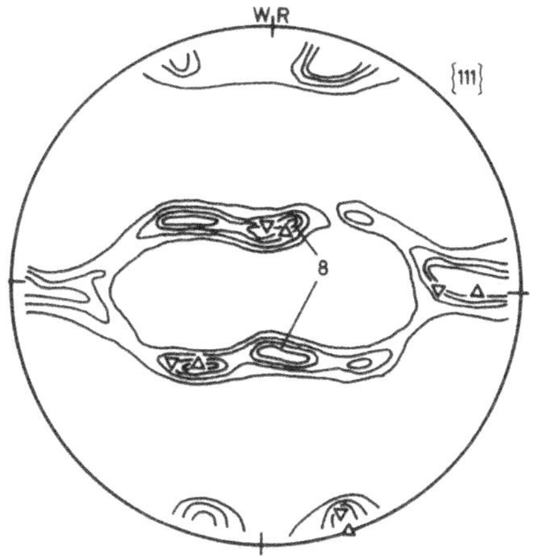

Abb. 8: Legierung 4a
Probeninneres
99% Verformung quer zur Strangpreßrichtung
△ (145) [83$\bar{4}$]
▽ (124) [21$\bar{1}$]

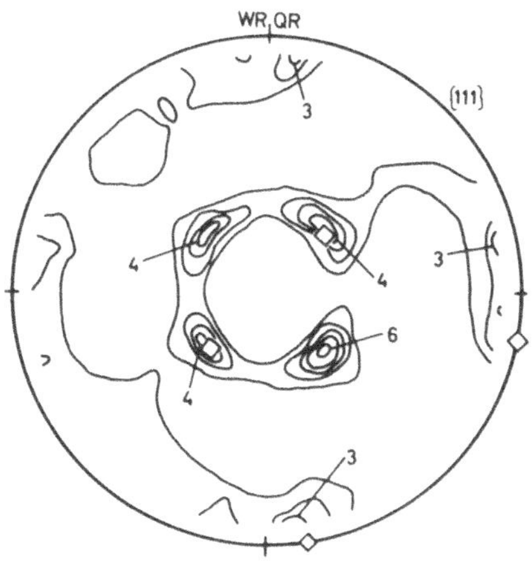

Abb. 9: Legierung 4a
Probeninneres
95% Verformung
Kreuzwalztextur
◇ (011) [32$\bar{2}$]

Abb. 7 bis 9: Walztexturen

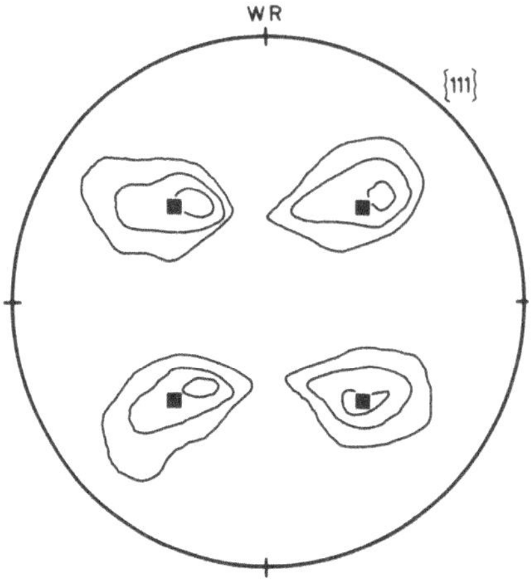

Abb. 10a: Legierung 4a
450°C 10s

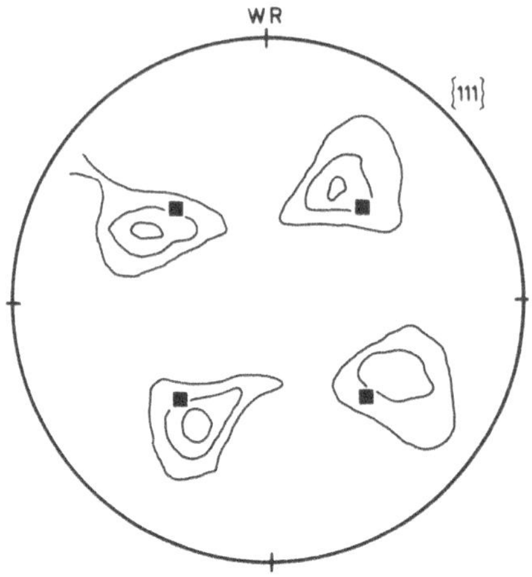

Abb. 10b: Legierung 4c
350°C 100 s

Abb. 10a und b: Rekristallisationstexturen zweier Legierungen. Probeninneres, 95% Verformung quer zur Strangpreßrichtung.

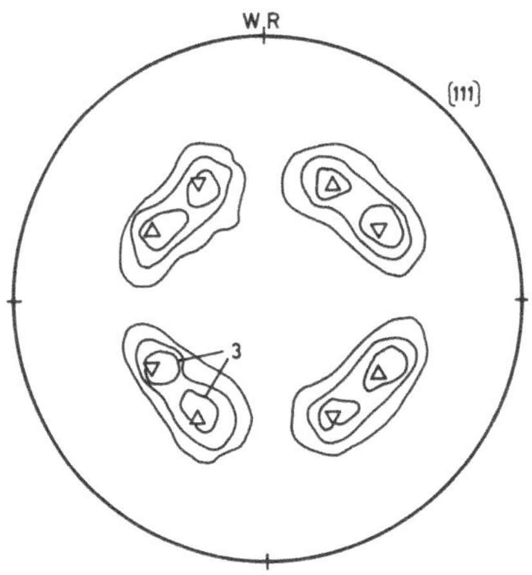

Abb. 11: Legierung 6b
Probenoberfläche 95%
Verformung quer zur
Strangpreßrichtung
350°C 100s
▽△ 14° um BN gedrehte Würfellage

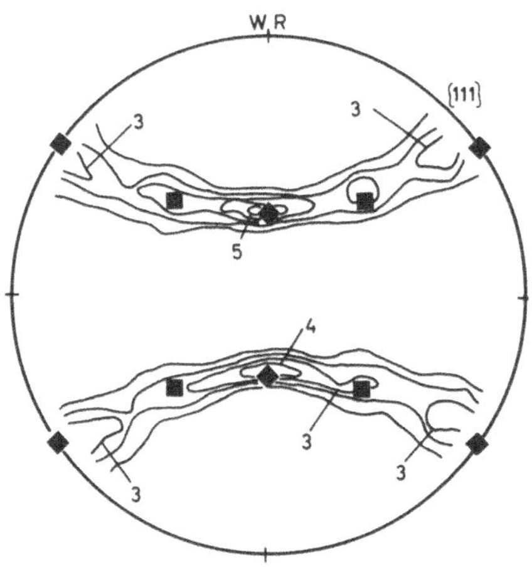

Abb. 12: Legierung 4a:
Probeninneres 97,5%
Verformung parallel zur
Strangpreßrichtung
400°C 100 s
■ (001) [100]
◆ (011) [100]

Abb. 11 und 12: Rekristallisationstexturen.

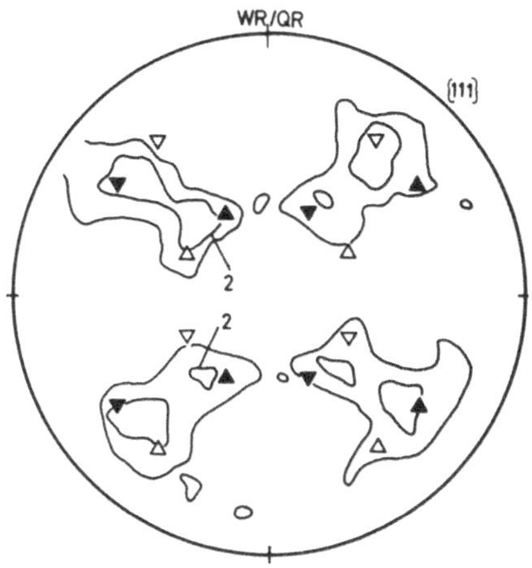

Abb. 13a: {111}-Polfigur

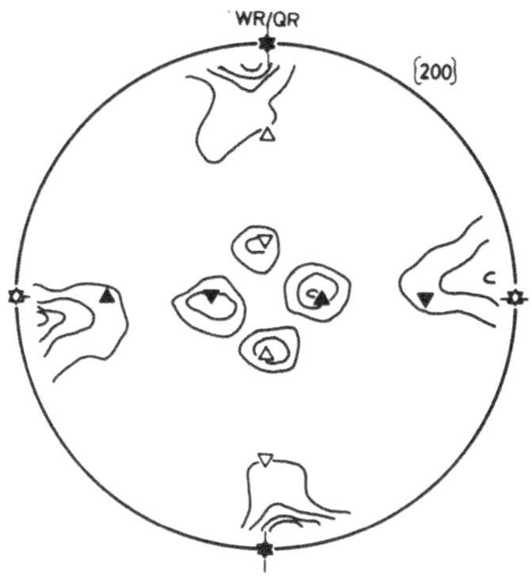

Abb. 13b: {200}-Polfigur

Abb. 13a und b: Rekristallisationstextur des Probeninneren der 95% kreuzgewalzten Legierung Nr. 4a, Glühbehandlung 400°C 100 s.
▲▼(012) [100] △▽(012) [02$\bar{1}$]

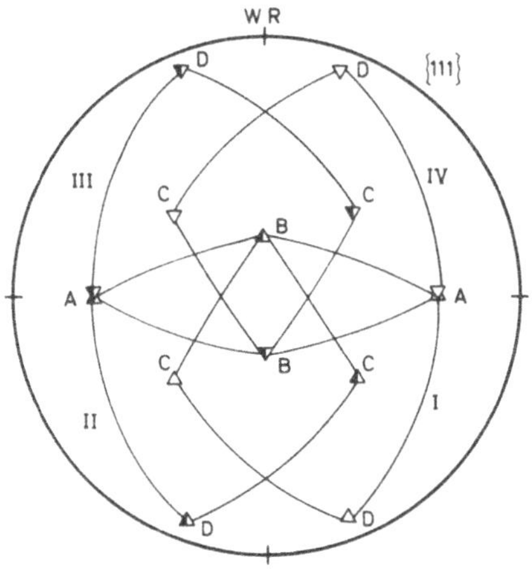

Abb. 14a: Die vier Komponenten der idealen Lage (124) [21$\bar{1}$] mit Bezeichnung der Pole

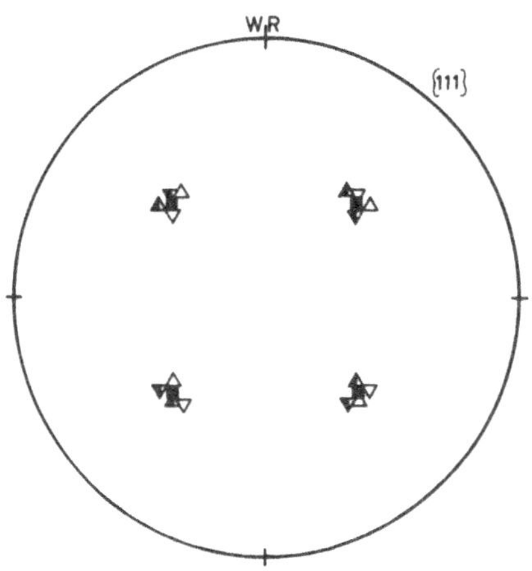

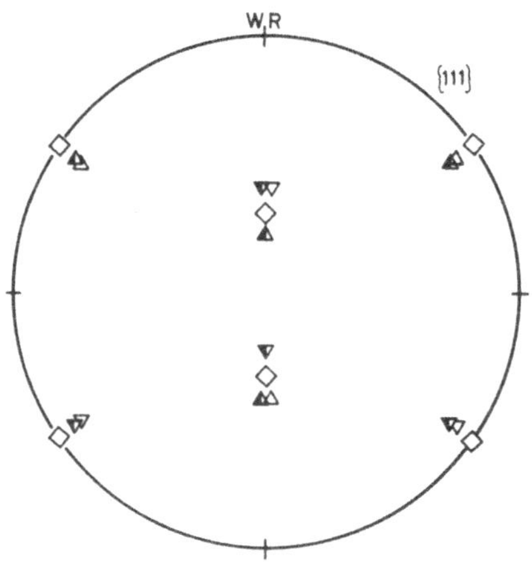

Abb. 14b: Pole C
■ (001) [100]

Abb. 14c: Pole B
◇ (011) [100]

Abb. 14b und c: △ ◭ ▼ ▽ 40° ⟨111⟩ Rotationen um die Pole B und C der Komponenten I, II, III, IV von (124) [21$\bar{1}$].

Abb. 14a bis c: Zur Deutung der aus (124) [21$\bar{1}$] entstehenden Rekristallisationstexturen.

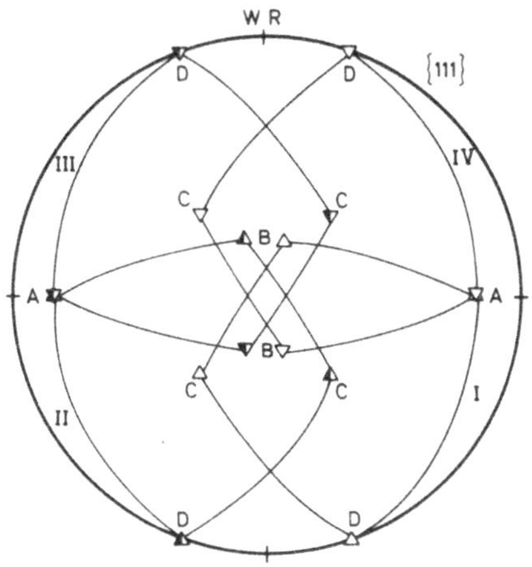

Abb. 15a: Die vier Komponenten der idealen Lage (145) [83$\bar{4}$] mit Bezeichnung der Pole

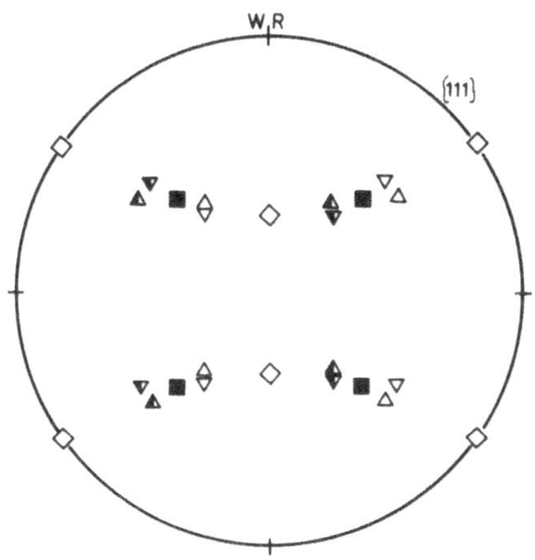

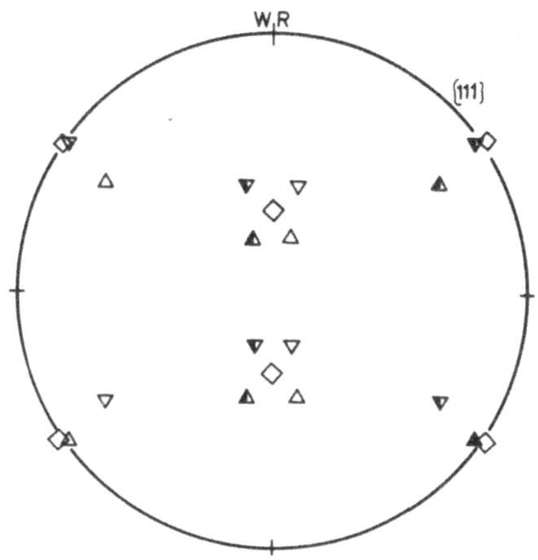

Abb. 15b: Pole C
■ (001) [100]
◇ (011) [100]

Abb. 15c: Pole B
◇ (011) [100]

Abb 15b und c: △ ▲ ▼ ▽ 40° ⟨111⟩ Rotationen um die Pole B und C der Komponenten I, II, III, IV von (145) [83$\bar{4}$]

Abb. 15a bis c: Zur Deutung der aus (145) [83$\bar{4}$] entstehenden Rekristallisationstexturen.

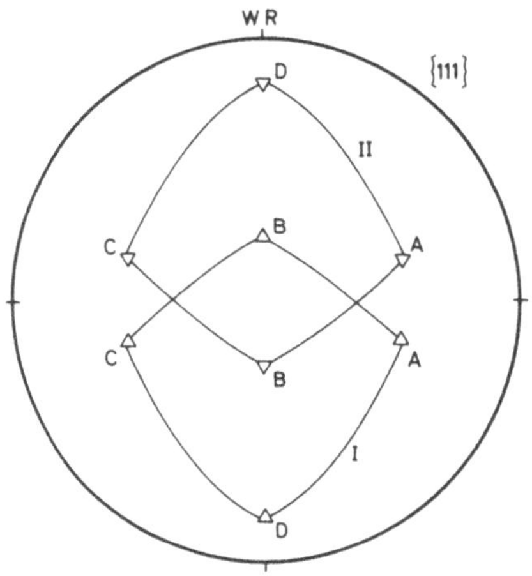

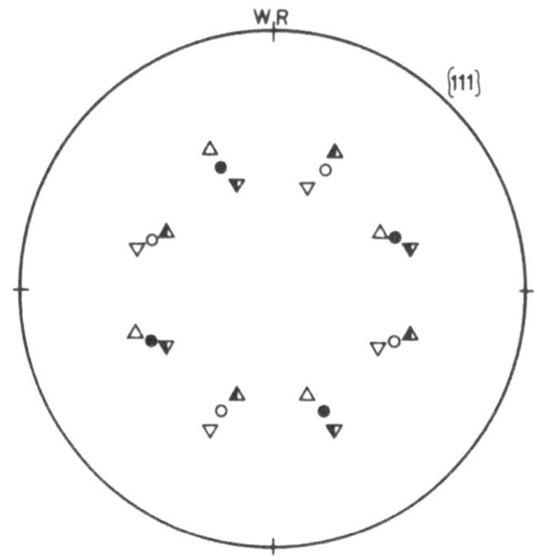

Abb 16a: Die beiden Komponenten der idealen Lage (113) $[33\bar{2}]$ mit Bezeichnung der Pole

Abb. 16b: ◭△ 40° $\langle 111 \rangle$ Rotationen um die Pole A und C der Komponente I von $(11\bar{3})$ $[33\bar{2}]$
⧨▽ 40° $\langle 111 \rangle$ Rotationen um die Pole A und C der Komponente II von $(11\bar{3})$ $[33\bar{2}]$
○● 22° um BN gedrehte W-Lagen

Abb. 16a und b: Zur Deutung der aus (113) $[33\bar{2}]$ entstehenden Rekristallisationstexturen.

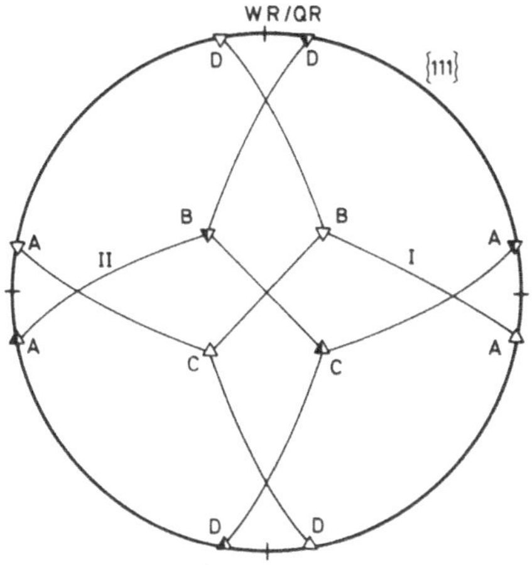

Abb. 17a: Die beiden Komponenten der idealen Lage (011) $[33\bar{2}]$ mit Bezeichnung der Pole

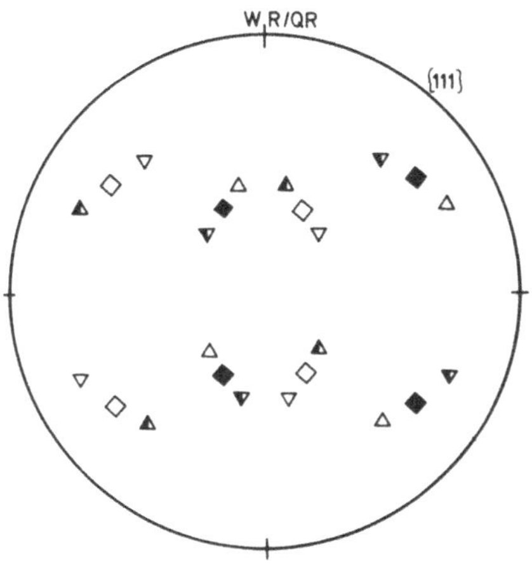

Abb. 17b: I ▽△ +40°
II ▼▲ -40°
◇◆ (012) [100]

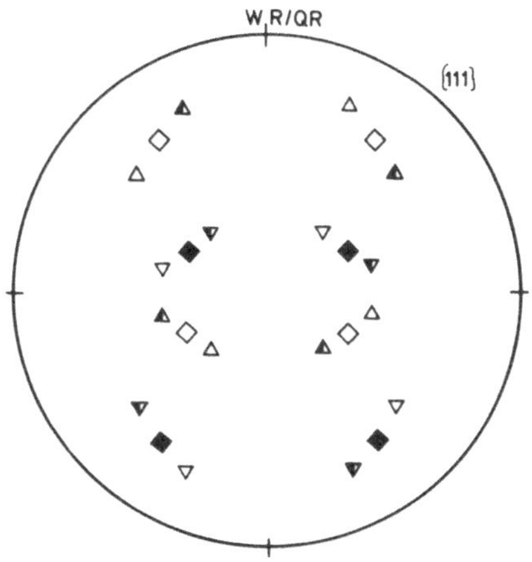

Abb. 17c: I ▽△ -40°
II ▼▲ +40°
◇◆ (012) $[02\bar{1}]$

Abb. 17b und c: 40° ⟨111⟩ Rotationen um die Pole B und C der Komponenten I und II von (011) $[32\bar{2}]$.

Abb. 17a bis c: Zur Deutung der aus (011) $[32\bar{2}]$ entstehenden Rekristallisationstexturen.

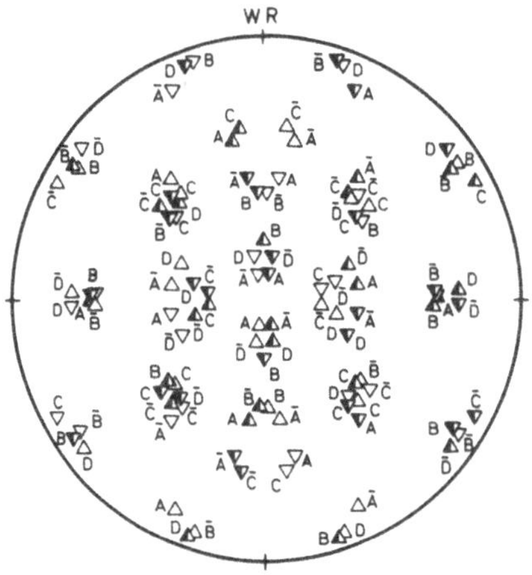

Abb. 18a: ±40° ⟨111⟩ Rotationen um die Pole A B C D der vier Komponenten von (124) [21$\bar{1}$] (vergl. Abb. 14a)

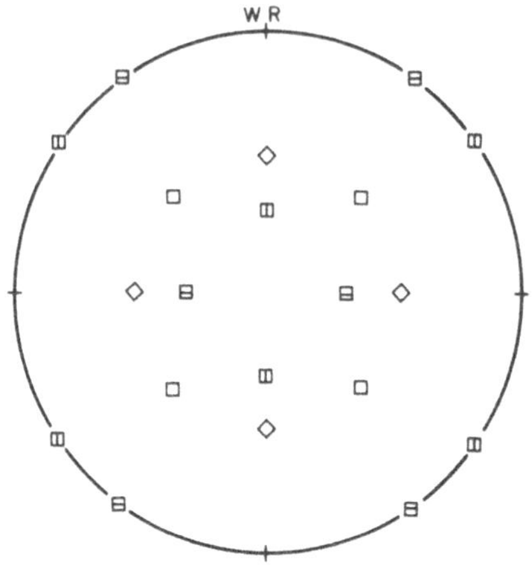

Abb. 18b: Aus Abb. 18a ermittelte Kompromißorientierungen für alle vier Walzkomponenten
□ (001) [100]
◫ (011) [100]
◇ (001) [110]
⊟ (011) [01$\bar{1}$]

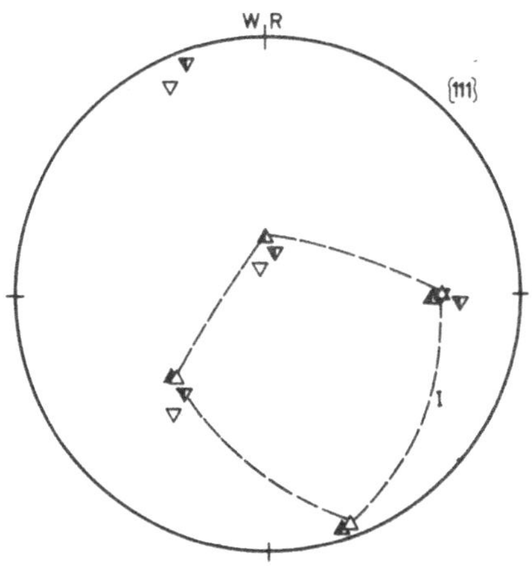

Abb. 18c: 40° ⟨111⟩ Rotationen der Walzlage (124) [21$\bar{1}$], die zur R-Lage führen
△ Komponente I von (124) [21$\bar{1}$]
▲ 40° ⟨B⟩ der Komponente II
▼ 40° ⟨D⟩ der Komponente III
▽ 40° ⟨A⟩ der Komponente IV

Abb. 18a bis c: Zur Ermittlung der bei einer (124) [21$\bar{1}$] Walzlage möglichen Kompromißlagen.

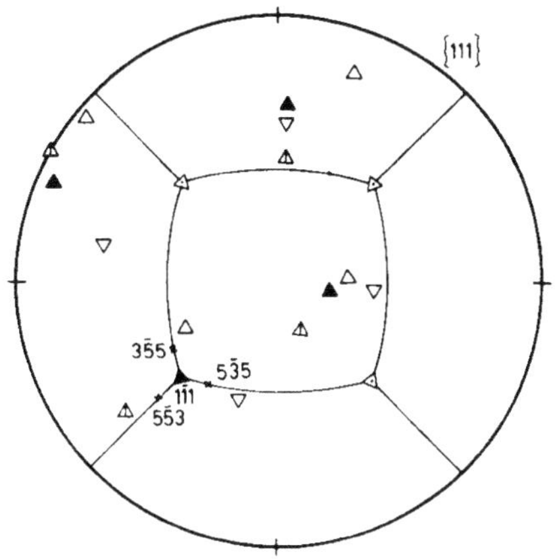

Abb. 19: Durch Wachstumsausleseversuche ermittelte Vorzugslagen bezogen auf eine Matrix in Standardprojektion

▲ 40° [1$\bar{1}$1] für Reinstaluminium

△ 154° [5$\bar{5}$3] für Aluminium-

▽ 154° [5$\bar{3}$5] Mangan

△ 154° [3$\bar{5}$5]

Teil II

Texturen bei der Kornvergrößerung hochreiner Aluminium-Mangan-Legierungen.

Inhalt

1. Einleitung

In einer vorangegangenen Arbeit [1] wurde über die bei der primären Rekristallisation entstehenden Texturen von Reinstaluminium und reinen Aluminium-Mangan-Legierungen berichtet. In dieser Arbeit sollen nun die Texturausbildungen bei der Kornvergrößerung, d.h. die Texturen nach längeren Glühzeiten bei höheren Temperaturen, behandelt werden.

Im allgemeinen wird bei der stetigen Kornvergrößerung von Aluminium eine Zunahme des Anteils der Würfellage auf Kosten der R-Lage oder - wenn die Würfellage nach der primären Rekristallisation alleine vorliegt - eine Verschärfung der Würfellage festgestellt [2, 3] .In einer Arbeit über die stetige Kornvergrößerung von Aluminium-Mangan-Legierungen konnte sogar ein direkter Zusammenhang zwischen dem Ausmaß der normalen Kornvergrößerung und der Zunahme der Würfellage nachgewiesen werden [4] .

Texturbestimmungen nach unstetiger Kornvergrößerung (sekundäre Rekristallisation) wurden beim Aluminium bisher kaum durchgeführt [2] und bei Aluminium-Mangan-Legierungen überhaupt nicht.

2. Experimentelle Untersuchungen

2.1 Experimentelle Durchführung

Die Untersuchungen wurden durchgeführt an Reinstaluminium (99,996%) und reinen Aluminium-Mangan-Legierungen mit Mangangehalten in Gew% von 0,1; 0,5; 1,0 und 1,3 1). Durch Leitfähigkeitsmessungen wurde ermittelt, daß bei den Legierungen mit 0,1% und 0,5% Mn das Mangan vollständig gelöst ist, während bei der Legierung mit 1,0% Mn 0,05% Mangan und bei der Legierung mit 1,3% Mn 0,30% Mangan ausgeschieden sind.

Das Material wurde einheitlich um 95% auf eine Enddicke von 2 mm kaltgewalzt. Alle daran anschließenden Glühbehandlungen wurden im Luftumwälzofen durchgeführt. Dabei wurden das Reinstaluminium und alle Legierungen bei 565 °C und 650 °C 1 min, 5 min und 25 min, außerdem die Legierungen mit 0,5% Mn, 1,0%Mn und 1,3% Mn bei 625 °C und 650 °C bis zu maximal 60 h geglüht. Zur Bestimmung des mittleren Korndurchmessers D in der Walzebene nach der Heyn'schen Linearmethode wurden die geglühten Proben elektrolytisch poliert und anschließend anodisch oxydiert.

Polfiguren wurden von der Probenoberfläche im Rückstrahlverfahren mit einem automatischen Texturgoniometer aufgenommen [5] . Um bei der Messung eine größere Anzahl von Körnern zu erfassen, wurde die Probe im Goniometer auf einem Schlitten hin und her bewegt (Hub ca. 15 mm). Lagen nach der Glühung sehr große Körner vor, so wurde deren Orientierung einzeln bestimmt. Diese Messungen wurden an geätzten Proben mit einem

Lichtfigurengoniometer durchgeführt, wobei als Lichtquelle ein Laserstrahl diente [6, 7] .

2.2 Experimentelle Ergebnisse

Die gemessenen Texturen ({111}-Polfiguren), die bei den Glühungen von 565°C und 650°C nach den Glühzeiten 1 min, 5 min und 25 min erhalten werden, sind in Abb. 1 und Abb. 2 zusammengefaßt.

Bei der Glühtemperatur 565°C (Abb. 1) bildet sich beim Reinstaluminium und bei den Legierungen mit 1,0% und 1,3% Mangan nach allen Glühzeiten die Würfellage. Beim Reinstaluminium ist die Würfellage scharf und ausgeprägt, bei den Aluminium-Mangan-Legierungen dagegen zum Teil stark ausgeschmiert und mit schwachen Streulagen belegt. Die Legierungen mit 0,1% und 0,5% Mangan zeigen die Würfellage lediglich nach 1 min Glühdauer. Nach einer Glühdauer von 5 min hat sich die Textur bei beiden Legierungen gänzlich umgewandelt. Die der Würfellage entsprechenden Intensitätsmaxima sind völlig verschwunden, und es tauchen neue Maxima auf, die zu anderen Orientierungen gehören. Bei Fortsetzung der Glühung auf 25 min bleibt diese neue Textur praktisch unverändert bestehen.

Bei der Glühtemperatur 650°C (Abb. 2) bildet sich beim Reinstaluminium wieder nach allen Glühzeiten eine ausgeprägte Würfellage. Die Legierung mit 0,1% Mangan zeigt jetzt schon nach 1 min Glühzeit die auch bei 565°C bereits beobachtete neue Textur, die dann auch weiterhin erhalten bleibt. Die Legierung mit 0,5% Mangan besitzt nach 1 min eine Mischtextur, die neben der ausgeprägten Würfellage schon die charakteristischen Maxima der neuen Textur aufweist. Nach 5 min Glühdauer ist die neue Textur dann voll ausgebildet und verändert sich bei weiterer Glühung nicht mehr. Die Legierung mit 1,0% Mangan wandelt sich zwischen 1 min und 5 min Glühzeit von der Würfellage in die neue Textur um. Dieselbe Transformation erfolgt bei der Legierung mit 1,3% Mangan zwischen 5 min und 25 min Glühzeit.

Da in allen daraufhin untersuchten Fällen die primäre Rekristallisationstextur die Würfellage ist [1] , ist anzunehmen, daß auch hier immer zuerst die Würfellage auftritt und die neue Textur daraus durch Kornvergrößerung entsteht. Wie aus Abb. 6 zu ersehen ist, lassen sich die Maxima dieser neuen Textur durch die zwei hochsymmetrischen Ideallagen (001) [110] und (011) [01$\bar{1}$] beschreiben. Häufig beobachtete typische Nebenmaxima oder Streuungen werden durch diese beiden Ideallagen allerdings nicht mit erfaßt. Bei genauerer Betrachtung der gemessenen Polfiguren (Abb. 2) fällt auf, daß bei den niedrigen Mangangehalten die Ideallage (011) [01$\bar{1}$] und bei dem hohen Mangangehalt die Lage (001) [110] überwiegt. Lediglich bei der Legierung mit 1,0% Mn liegen beide Ideallagen mit etwa gleicher Intensität vor.

Die Ergebnisse der Korngrößenmessungen sind in Abb. 3a für die Glühtemperatur 565°C und in Abb. 3b für die Glühtemperatur 650°C dargestellt. Auf den Koordinaten ist in doppelt logarithmischem Maßstab der mittlere Korndurchmesser D über der Glühzeit aufgetragen. Die eingezeichneten Pfeile markieren jeweils das Glühzeitintervall, in dem bei den einzelnen Legierungen der Texturumschlag erfolgt. Danach tritt der Texturumschlag stets dann auf, wenn eine starke Änderung der Korngröße erfolgt. Die Steigung der Kurven in Abb. 3 beträgt dann etwa 0,8 bis 1,4, während sie sonst etwa bei 0,1 bis 0,4 liegt.

Bei den hohen Temperaturen (625°C und 650°C) und nach längeren Glühzeiten (zwischen 125 min und 625 min) entstehen bei den Legierungen mit 0,5%; 1,0% und 1,3% Mn im Gefüge deutlich erkennbar sehr große neue Körner, die bei weiterer Glühung Durchmesser bis zu 15 mm erreichen können. Die durch Einzelmessungen bestimmten Orientierungen von insgesamt 79 solcher Körner sind in Abb. 4a zusammen in eine {100}-Polfigur eingezeichnet. Man sieht, daß sich die gefundene Orientierungsverteilung gut beschreiben läßt durch eine kontinuierlich um die Querrichtung als Achse gedrehte Würfellage, wobei der Drehwinkel φ den gesamten Bereich von $\pm$ 45° überstreicht. Die Drehachse selbst streut dabei bis zu 30°. Durch diesen Orientierungsbereich werden etwa 90% der vermessenen großen Körner erfaßt. Der verbleibende Rest zeigt eine regellose Orientierungsverteilung. Zur genaueren Erfassung der Streuverhältnisse wurde die Häufigkeit des Drehwinkels φ in Intervallen von jeweils 10° ermittelt und graphisch dargestellt (Abb. 4b, positive und negative Drehungen sind zusammengefaßt). Daraus erkennt man, daß die Orientierungen in dem Drehwinkelintervall von 20° bis 30° ein Häufungsmaximum aufweisen.

3. Diskussion

3.1 Orientierungszusammenhänge

Bei der Deutung der Rekristallisationstexturen wird häufig von der Tatsache ausgegangen, daß die Wanderungsgeschwindigkeit der Korngrenzen orientierungsabhängig ist, d.h. daß gewisse bevorzugte Kristallorientierungen in eine vorgegebene Matrixorientierung mit maximaler Geschwindigkeit einwachsen können. Es wird dann angenommen, daß Körner in diesen speziellen Orientierungen einen besonders großen Bruchteil des rekristallisierten Gefüges einnehmen und somit die Rekristallisationstextur bestimmen werden [8, 9] .

Aus Wachstumsausleseversuchen an verformten Einkristallen sind für eine Reihe von Metallen die Orientierungsbeziehungen zwischen schnellstwachsenden Körnern und Matrix bekannt [10]. Für Reinstaluminium besteht eine 40° ⟨111⟩ Orientierungsbeziehung [11] (d.h. die schnellstwachsende Orientierung und die Matrixorientierung lassen sich durch eine 40°-Rotation um einen gemeinsamen ⟨111⟩-Pol ineinander überführen). Für Aluminium-Mangan ist hingegen eine davon abweichende Orientierungsbeziehung gefunden worden, nämlich eine 154°-Rotation um Achsen, die 10° von den ⟨111⟩ Polen entfernt sind (etwa bei ⟨553⟩) [12]. Abb. 5a und 5b zeigt diese beiden Orientierungsbeziehungen bezogen auf eine Matrix in Standardlage (die der Würfellage identisch ist). Gezeichnet sind hier nur Rechtsdrehungen von 40° um den Pol $[1\bar{1}1]$ und von 154° um die Achsen a,b,c (entsprechend: $[5\bar{5}3]$, $[3\bar{5}5]$, $[5\bar{3}5]$) in der Nähe von $[1\bar{1}1]$. Alle anderen schnellstwachsenden Orientierungen (das sind Linksdrehungen um dieselben Achsen sowie Rechts- und Linksdrehungen um die anderen kristallographisch identischen Achsen) lassen sich durch einfache Symmetrieoperationen aus den hier gezeigten ableiten.

3.2 Diskussion der sekundären Texturen

Es soll nun zunächst untersucht werden, ob die in Abb. 6 oder 7 gezeigten Kornvergrößerungstexturen aus der primären Würfeltextur durch Anwendung solcher Orientierungsbeziehungen abzuleiten sind. Aus Abb. 6a und b geht zunächst hervor, daß die 40° ⟨111⟩-Rotation hier keine Rolle spielt. Die dadurch erzeugten Pole fallen nämlich gerade in Gebiete, in denen keine Intensität gefunden wurde. Abb. 6 zeigt ebenfalls, daß eine 154°-Rotation um den Pol a (siehe Abb. 5b) auch nicht zu den beobachteten Maxima führt. Hingegen sind zur Beschreibung der neuen Textur die 154°-Rotationen um die Achsen b und c sehr gut geeignet, wie die Abb. 7a und b zeigen. Allerdings ergibt sich die Übereinstimmung nur, wenn man um die Achsen b und c bei $[\bar{1}11]$ und $[1\bar{1}1]$ Rechtsdrehungen und um die Achsen b und c bei $[111]$ und $[\bar{1}\bar{1}1]$ Linksdrehungen anwendet.

Die damit verbleibenden gut passenden 8 Orientierungen lassen sich in zwei Gruppen zusammenfassen, wobei jeweils vier Orientierungen mit den Ideallagen (134) $[1\bar{3}2]$ und (125) $[3\bar{4}1]$ zueinander symmetrisch an Walz- und Querrichtung sind. Diese durch Wachstumsauslese ermittelten Ideallagen, die geringfügig aber charakteristisch von den ursprünglich eingeführten hochsymmetrischen Ideallagen (011) $[01\bar{1}]$ und (001) $[110]$ abweichen, erfassen nun sogar typische Nebenmaxima, wie sie in allen gemessenen Texturen auftreten. Daß einzelne Pole in den gemessenen Texturen nicht so ausgeprägt oder gar nicht vorhanden sind, spricht nicht gegen das Entstehen der neuen Textur durch selektives Wachstum der Körner. Wegen der schon sehr großen Korngröße der untersuchten Proben wird nämlich bei der Messung trotz der Hin- und Herbewegung der Probe eine zu geringe Zahl von Körnern vom Röntgenstrahl erfaßt. So können leicht auch häufiger vorkommende Kornorientierungen übersehen werden, während andererseits aber auch seltener vorhandene Orientierungen stark überbewertet werden können.

Weshalb nun von den insgesamt 24 möglichen Lagen der 154° ⟨553⟩ Orientierungsbeziehung nur die angegebenen 8 Lagen auftreten, kann hier nicht entschieden werden. Bei dieser Frage ist jedoch einmal zu bedenken, daß auch schon bei den Wachstumsausleseexperimenten an Einkristallen (hier sind allerdings durch die Verformung nicht mehr alle ⟨111⟩-Ebenen gleichwertig) nicht alle kristallographisch äquivalenten Drehachsen und Drehwinkel mit gleicher Häufigkeit auftreten [11,12,13]. Zum anderen ist auch denkbar, daß die fehlenden Komponenten der Orientierungsbeziehung im primär rekristallisierten Gefüge überhaupt nicht vorhanden sind und somit nicht auswachsen können. Offen bleiben muß auch die Frage, warum bei niedrigem Mangangehalt die (134) $[1\bar{3}2]$-Lage vorherrscht, die den Rotationen um die Pole b entspricht, und warum bei hohem Mangangehalt die den Rotationen um die Pole c entsprechende (125) $[3\bar{4}1]$-Lage überwiegt.

3.3 Diskussion der Kornvergrößerungserscheinung

Nun bleibt noch zu klären, durch welchen Rekristallisationsvorgang diese neue Textur entsteht. Bei stetiger Kornvergrößerung kann die Steigung der Kurven log D vs. log t maximal den Wert 0,5 erreichen [8,14]. Meistens wird sogar ein Wert gefunden, der kleiner als 0,5 ist. Wie die durchgeführten

Korngrößenmessungen (Abb. 3a und 3b) zeigen, werden hier im Bereich des Texturumschlages jedoch stets Steigungen erreicht, die beträchtlich über diesem Wert 0,5 liegen. Der beobachtete Texturumschlag muß also durch unstetiges Kornwachstum (sekundäre Rekristallisation) zustande gekommen sein. Dies wird durch die metallographischen Beobachtungen bestätigt.

Die Kornvergrößerung von Aluminium-Mangan-Legierungen ist am ausführlichsten in einer Arbeit von Beck, Holzworth und Sperry [15] untersucht worden. In dieser Arbeit werden je nach Mangangehalt und Glühtemperatur drei Fälle unterschieden.
(1) Liegt man bei einer Legierung mit der Glühtemperatur im heterogenen Bereich des Zustandsdiagramms, so kommt jegliche Kornvergrößerung schon sehr rasch zum Stillstand, da die Ausscheidungen die Korngrenzen verankern.
(2) Glüht man dagegen im homogenen Bereich, so erfolgt nur durch die Blechdicke begrenzte stetige Kornvergrößerung.
(3) Eine sekundäre Rekristallisation tritt nur dann auf, wenn dicht unterhalb der Löslichkeitslinie geglüht wird; denn nur dann sollen sich an bevorzugten Stellen im Gefüge die das Kornwachstum blockierenden Ausscheidungen auflösen und so einigen Körnern die Chance gegeben werden, zu Riesenkörnern auszuwachsen.

Die eigenen Untersuchungen stimmen hinsichtlich Punkt (1) mit den Untersuchungen von Beck et al [15] überein: Glühungen im heterogenen Gebiet führen nur zu sehr geringen Kornvergrößerungen (siehe Abb. 3a und 8). In Abb. 8 sind neben der Löslichkeitslinie von Mangan in Aluminium die verschiedenen Glühbehandlungen sowie die beobachteten Texturen angegeben. Hinsichtlich der sekundären Rekristallisation gelangt man hier jedoch zu grundsätzlich anderen Ergebnissen als Beck et al [15]. Betrachtet man nämlich die Texturumwandlung als charakteristisch für die sekundäre Rekristallisation, so zeigt Abb. 8, daß eine solche stets dann auftritt, wenn im homogenen Bereich, d.h. oberhalb der Löslichkeitslinie, geglüht wird. Dies wird durch Abb. 9 bestätigt, wo der mit Hilfe von elektrischen Widerstandsmessungen ermittelte Gehalt an ausgeschiedenem Mangan (Meßgenauigkeit 0,05%) für verschiedene Glühzeiten aufgetragen ist. Je nach der Größe der Löslichkeit steigt oder sinkt die ausgeschiedene Menge mit der Glühzeit. Man sieht, daß die sekundäre Rekristallisation stets dann auftritt, wenn entweder überhaupt keine Manganausscheidungen vorhanden sind oder wenn diese sich praktisch aufgelöst haben.

Dabei ist es auch möglich, daß bei den Legierungen mit 0,1% und 0,5% Mangan eine geringe durch Leitfähigkeitsmessungen nicht feststellbare Menge feiner Ausscheidungen zunächst vorhanden ist und deren Auflösung wieder die sekundäre Rekristallisation einleitet. Diese Annahme, die auch erklären würde, weshalb beim Reinstaluminium keine sekundäre Rekristallisation beobachtet wird, würde grundsätzlich auf den Beck'schen Mechanismus der sekundären Rekristallisation hindeuten. Im Gegensatz zu der Beck'schen Annahme tritt hier jedoch die sekundäre Rekristallisation einer Legierung nicht nur bei einer festen Temperatur, sondern in einem ausgedehnten Temperaturbereich auf. Dies entspricht auch mehr den allgemeinen Erfahrungen über das Auftreten sekundärer Rekristallisation.

Außerdem sei darauf hingewiesen, daß hier auch der zweite von Beck genannte Mechanismus der sekundären Rekristallisation, der mit einer strengen primären Textur zusammenhängt, nicht vernachlässigt werden darf. Wie der exakte Orientierungszusammenhang zeigt, spielt neben der Auflösung des Mangans auch das Vorhandensein günstig orientierter Körner eine Rolle.

3.4 Tertiäre Rekristallisation

Das bei weiterer Glühung im Anschluß an die sekundäre Rekristallisation beobachtete Auftreten von Körnern mit einem nochmals etwa zehnmal größeren Korndurchmesser und wiederum ganz anderer Orientierung ist dann als eine Art tertiäre Rekristallisation zu bezeichnen. Dabei ist noch offen, ob als treibende Kraft, wie bei den Eisen-Silizium-Legierungen beobachtet, die Energie der freien Oberfläche wirkt oder, wie hier bei der sekundären Rekristallisation, die Korngrenzenenergie. Im zweiten Fall läge es nahe, auch die hier beobachtete Orientierungsverteilung (Abb. 4) mit Hilfe der Wachstumsauslese zu deuten. Während jedoch bei der sekundären Rekristallisation die Matrix nur aus einer Komponente (Würfeltextur) besteht und dort daher jedes Korn, das zu dieser Lage günstig orientiert ist, wachsen kann, besteht hier die Matrix aus acht Komponenten, und man nimmt an, daß ein tertiäres Korn in alle 8 Komponenten der sekundären Rekristallisationstextur gut einwachsen können muß.

Da Körner in Würfellage zu allen acht Orientierungskomponenten der sekundären Rekristallisationstextur den idealen 154° ⟨553⟩-Orientierungszusammenhang besitzen, ist sofort einzusehen, daß diese Würfelkörner maximal wachsen können. Es verbleibt dann die Frage, ob auch die durch Drehungen um die Querrichtung gegebenen Orientierungen von Abb. 5 durch solche Orientierungsbeziehungen zu erklären sind. Zwar wird es wahrscheinlich keine Orientierung geben, die zu allen acht Komponenten exakt eine solche Orientierungsbeziehung erfüllt, aber es soll geprüft werden, ob es Orientierungen gibt, sogenannte Kompromißorientierungen, die zu jeder dieser acht Komponenten angenähert eine solche Beziehung besitzen und so in alle relativ gut einwachsen können.

Eine derartige Auswertung ist jedoch sehr kompliziert. Solche Kompromißorientierungen werden nämlich gefunden, indem man auf alle acht Komponenten die 24 verschiedenen 154° ⟨553⟩-Rotationen anwendet, d.h. es sind also insgesamt 192 in die einzelnen Komponenten schnellstwachsende Orientierungen zu betrachten.

Deshalb wurde zunächst in vereinfachender Weise versucht, anstelle der acht Komponenten lediglich die zwei Zentrallagen (011) [01$\bar{1}$] und (001) [110] zu betrachten und daraus durch Rotation die beobachtete Orientierungsverteilung abzuleiten. Dabei wurde sowohl weiter vereinfachend von 40° ⟨111⟩ - als auch genauer von 154° ⟨553⟩-Rotationen ausgegangen. In beiden Fällen ergeben sich jedoch keine Kompromißorientierungen, die den beobachteten Orientierungen (Abb.4) entsprechen. Erst wenn die 154° ⟨553⟩-Rotationen wirklich auf alle acht Komponenten der sekundären Rekristallisationstextur angewendet werden, ergibt sich eine Kompromißorientierung, die die gemessene Orientierungsverteilung deuten kann. In Abb. 10 geben die Dreiecke die $\{111\}$-Pole von acht Orientierungen wieder, die durch eine geeignete 154° $\langle 553 \rangle$-Rotation der acht Komponenten der sekundären Textur erhalten wurden. Die durch Vierecke gekennzeichnete Lage stellt dann die Kompromißorientierung dar, die in alle acht Komponenten gut einwachsen kann. (Der Orientierungsabstand zu den durch die Dreiecke gekennzeichneten Lagen liegt unter 29°.) Sie entspricht einer $\varphi = 22{,}5^\circ$ um die Querrichtung gedrehten Würfellage, fällt also im Rahmen der Meßgenauigkeit gut mit den Beobachtungen in Abb. 4 zusammen.

Diese Deutung der beobachteten Orientierungsverteilung mag nicht sehr zwingend erscheinen, sie zeigt jedoch auf alle Fälle, daß die Beobachtungen der Theorie der Wachstumsauslese und den 154° $\langle 553 \rangle$-Orientierungsbeziehungen nicht widersprechen. Es ist jedoch schwierig, das Wirken dieses Mechanismus hier besser nachzuweisen. Ein solcher Nachweis ist leichter im Falle einfacher Texturen [1,9] , wie z.B. auch beim Entstehen der sekundären Textur aus der Würfellage. Bei Kompromissen zwischen acht Komponenten werden die einfachen und leicht erkennbaren Orientierungszusammenhänge naturgemäß stark verwaschen. Es sei jedoch darauf hingewiesen, daß solche Kompromißmöglichkeiten wie in Abb. 10 schon beachtenswert sind und keineswegs immer auftreten.

Literaturverzeichnis

[1] Teil I des vorliegenden Berichts.
[2] Wassermann G. und Grewen J., Texturen metallischer Werkstoffe, Springer-Verlag, Berlin/Göttingen/Heidelberg 1962, 2. Aufl.
[3] Grewen J, in: Recrystallization of Metallic Materials, Herausg. F. Haeßner, Dr. Riederer Verlag, Stuttgart 1971, 135.
[4] Koppenaal T.J., Parthasarati M.N. und Beck P.A., AIME Trans. 218 (1960) 98.
[5] Lücke K., Burmeister G., Alam R. und Mengelberg H.D., in Vorbereitung. Kobbe U. und Schuon H., Siemens Z. 47 (1973) 119.
[6] Sixt G., Diplomarbeit, TH Aachen (1969).
[7] Baumgarten J. und Ernst M., Prakt. Metallographie 8 (1971) 702.
[8] Beck P.A., Advances in Physics (Phil. Mag. Sup.) 3 (1954) 245.
[9] Lücke K. und Rixen R., Met. Trans. 1 (1970) 259.
[10] Ibe G. und Lücke K., in: Recrystallization, Grain Growth and Textures, Herausg. H. Margolin, ASM, Metals Park Ohio, (1966) 434.
[11] Ibe G., Dietz W., Fraker A.C. und Lücke K., Z. Metallkde 61 (1970) 498.
[12] Perlwitz H., Diplomarbeit, TH Aachen (1963).
[13] Rixen R., Diplomarbeit, TH Aachen (1966).
[14] Lücke K. und Rixen R., Z. Metallkde 59 (1968) 321.
[15] Beck P.A., Holzworth M.L. und Sperry P.R., Trans. AIME 180 (1949) 163.

Anmerkung

1) Es wurde das gleiche Ausgangsmaterial benutzt wie in Teil I dieses Berichts.
Hauptverunreinigungen in ppm: Mg: 3,5 - 7,0; Si: 8,0 - 12,6; Ca: 1,0 - 4,0; Fe: 1,6 - 2,5; Cu: 1,5 - 3,0; Gesamtverunreinigungen stets kleiner als 40 ppm.

Abbildungen

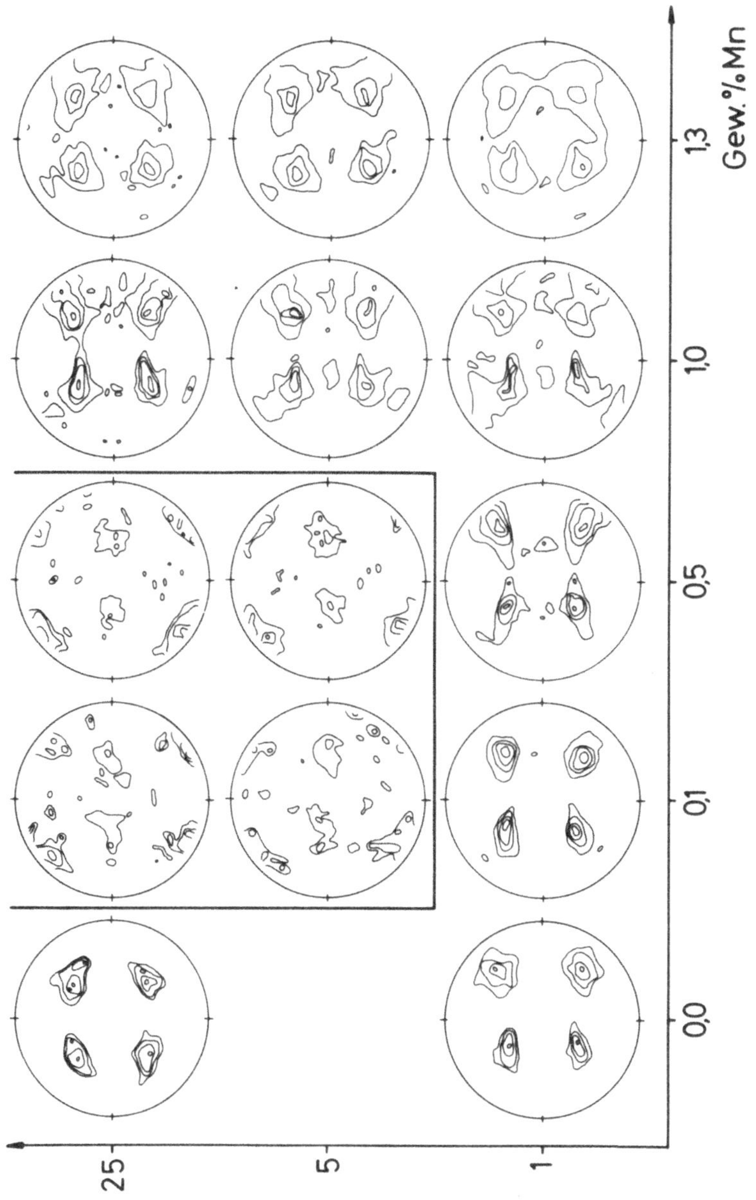

Abb. 1: {111}- Polfiguren von Reinstaluminium und verschiedenen Aluminium-Mangan-Legierungen nach verschiedenen Glühzeiten bei 565°C.

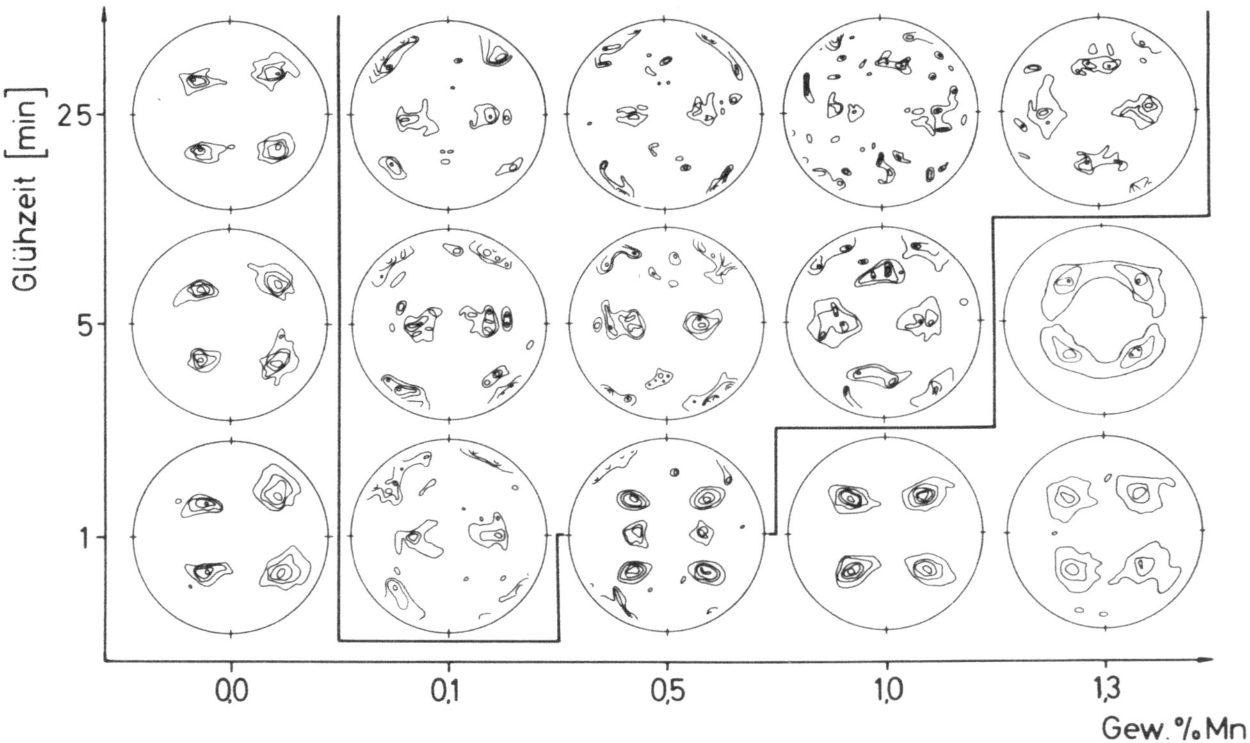

Abb. 2: {111}-Polfiguren von Reinstaluminium und verschiedenen Aluminium-Mangan-Legierungen nach verschiedenen Glühzeiten bei 650°C.

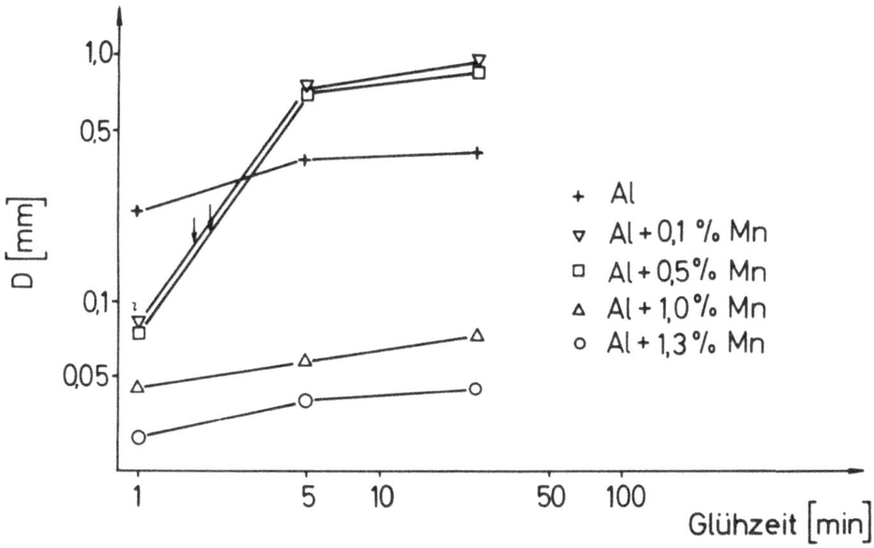

(3a) Glühtemperatur 565°C

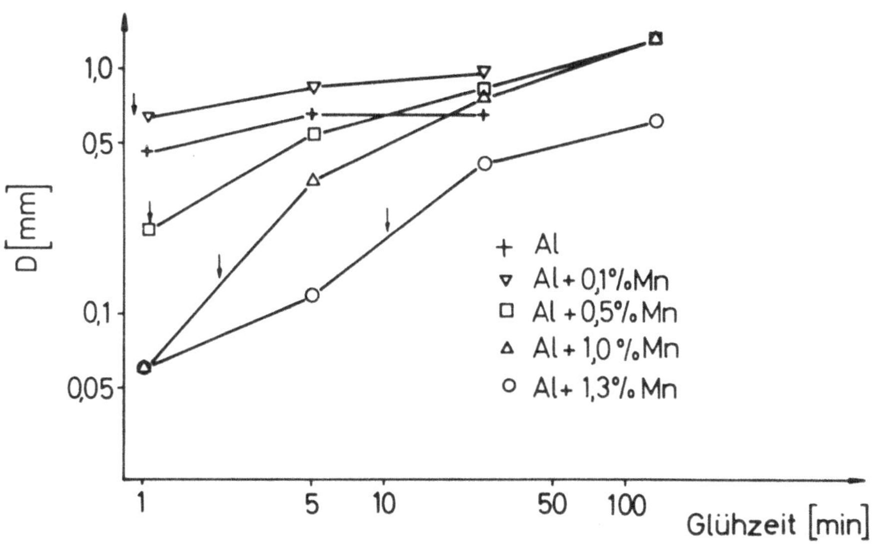

(3b) Glühtemperatur 650°C

Abb. 3: Mittlerer Korndurchmesser D als Funktion der Glühzeit. (Die Pfeile markieren den Texturumschlag)

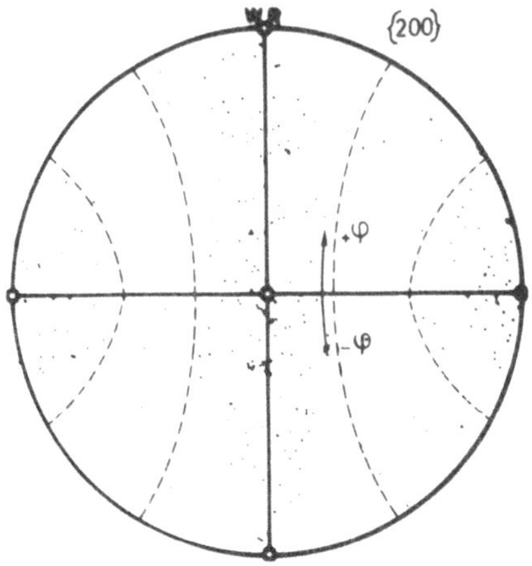

(4a) {100}-Pole von 79 tertiären Körnern

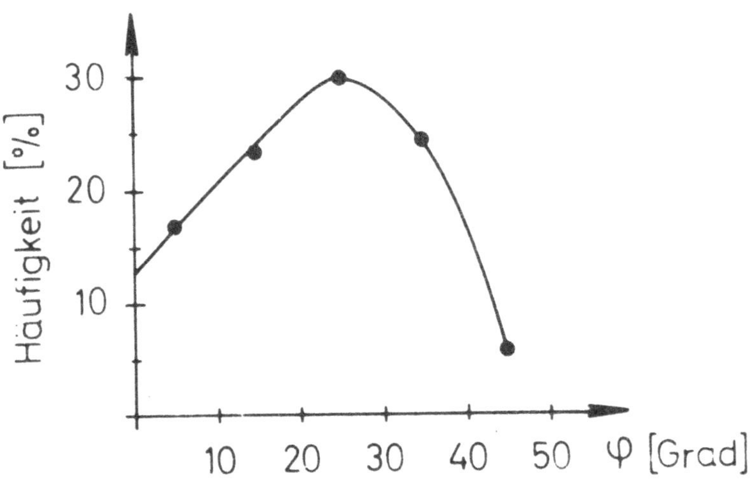

(4b) Häufigkeitsverteilung des Drehwinkels φ (Drehung um die Querrichtung) von 70 tertiären Körnern, die in dem in Abb. 4a bezeichneten Orientierungsbereich liegen.

Abb. 4: Gemessene Orientierungen von tertiären Körnern der Legierungen mit 0,5%, 1,0% und 1,3% Mangan.

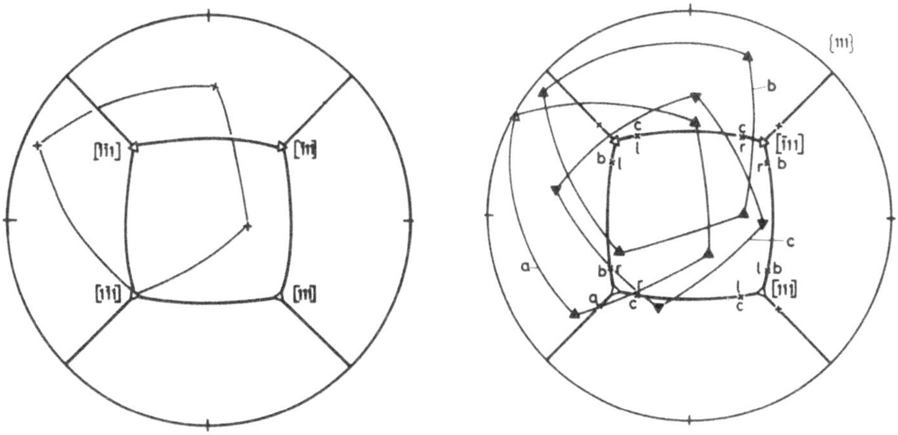

(5a) +40° [1$\bar{1}$1] für Reinst-Al

(5b) +154°a, +154°b, +154°c für Al-Mn

Abb. 5: Durch Wachstumsauslese ermittelte Vorzugslagen. (Matrix in Standardlage)

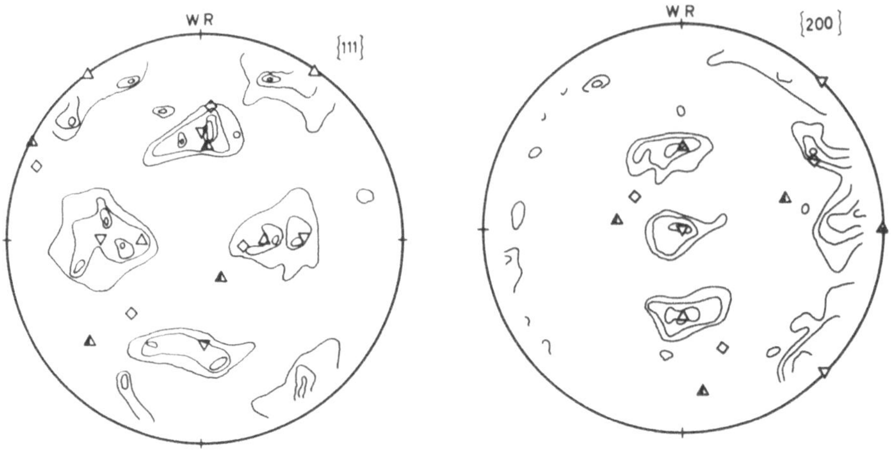

Abb. 6: {111}- und {200}-Polfigur von Al+1,0% Mn nach 5 min bei $650^{\circ}C$.
Eingezeichnet sind die beiden Zentrallagen △ (011) [01$\bar{1}$] und ▽ (001) [110] sowie eine ◇ 40° <111> und ▲ 154° a Rotation der Würfellage.

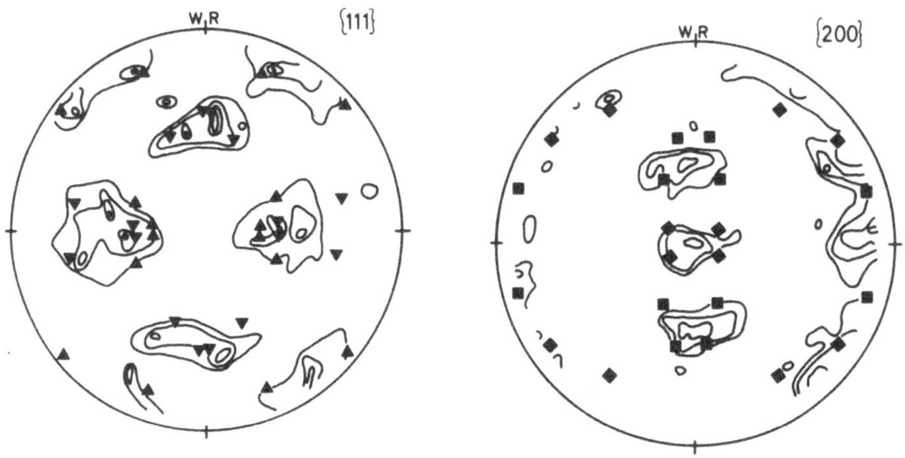

Abb. 7: {111}- bzw. {200}-Polfigur von Al+1,0% Mn nach 5 min bei $650^{\circ}C$ mit den durch Wachstumsauslese ermittelten Vorzugslagen.
▲ ■ (134) [1$\bar{3}$2] entsprechend 154° b Rotationen
▼ ◆ (125) [3$\bar{4}$1] entsprechend 154° c Rotationen

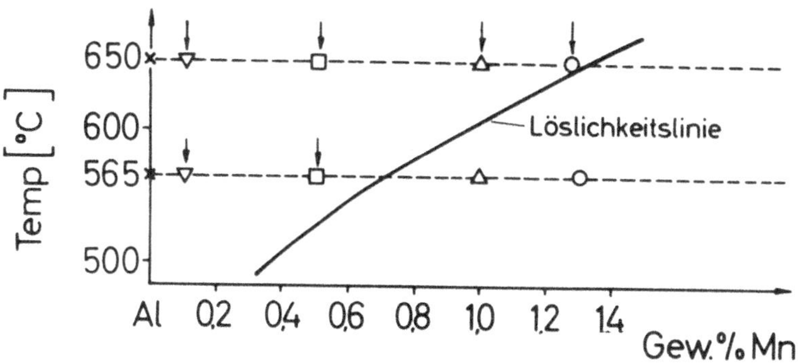

Temp [°C]
650
600
565
500
Löslichkeitslinie
Al
0,2
0,4
0,6
0,8
1,0
1,2
1,4
Gew.% Mn

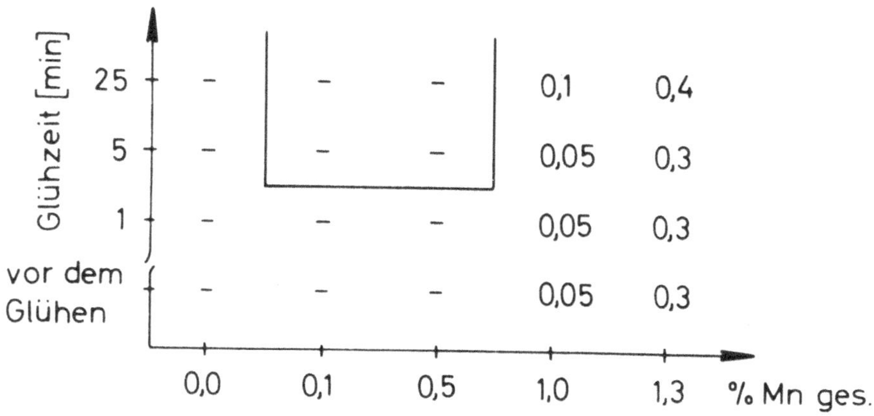

Glühzeit [min]
25
5
1
vor dem Glühen
0,1
0,4
0,05
0,3
0,05
0,3
0,05
0,3
0,0
0,1
0,5
1,0
1,3
% Mn ges.

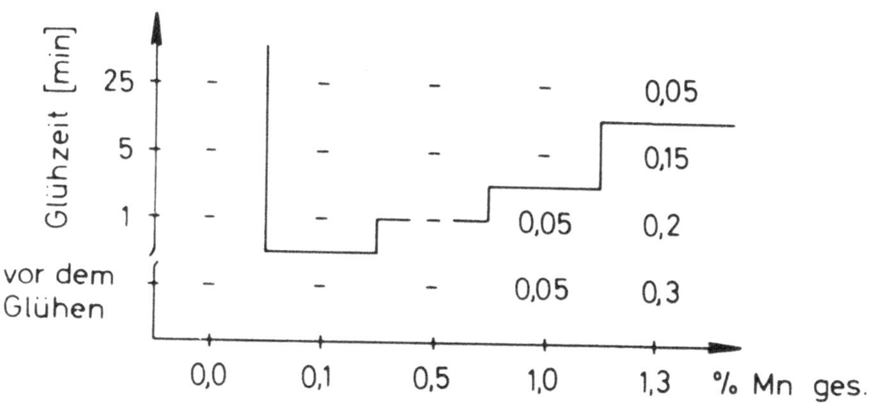

Glühzeit [min]
25
5
1
vor dem Glühen
0,05
0,15
0,05
0,2
0,05
0,3
0,0
0,1
0,5
1,0
1,3
% Mn ges.

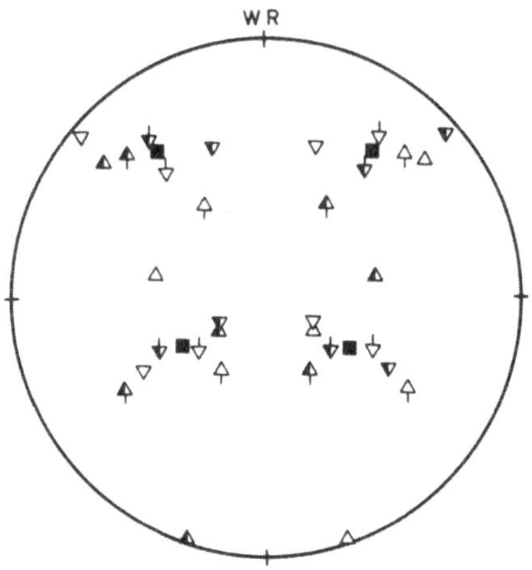

Abb. 10: △ ◭ ⧨ ▽ {111}-Pole von 154° ⟨$\underline{5}$53⟩-Rotationen der vier Komponenten von (134) [1$\bar{3}$2].
△↑ ◭↑ ⧨↓ ▽↓ {111}-Pole von 154° ⟨$\underline{5}$53⟩-Rotationen der vier Komponenten von (125) [3$\bar{4}$1].
■ 22,5° um die Querrichtung gedrehte Würfellage.

Teil III

Rekristallisationstexturen hochreiner Kupfer-Zink-Legierungen.

Inhalt

1. Einleitung

Die Walztexturen kfz. Metalle sind in zahlreichen Arbeiten untersucht worden [1]. Dabei wurde gefunden, daß diese entweder die Form der sogenannten Kupferwalztextur, der Messingwalztextur oder von Übergangstexturen zwischen beiden besitzen. Weiterhin konnte gezeigt werden, daß die Kupferwalztextur vorzugsweise bei hohen Walztemperaturen und bei Metallen und Legierungen mit hoher Stapelfehlerenergie und die Messingwalztextur unter entgegengesetzten Bedingungen auftritt.

Die Rekristallisationstexturen dieser Metalle sind hingegen viel weniger gründlich und häufig nur stichprobenhaft untersucht. Es ergab sich hierbei eine sehr viel größere Vielfalt von Polfiguren als bei den Walztexturen. Außerdem fand man zwischen den Ergebnissen verschiedener Autoren neben gewissen Übereinstimmungen häufig auch auffallende Unterschiede, wobei allerdings vielfach nicht ausreichend zwischen primärer Rekristallisation und Kornvergrößerung unterschieden worden war. Insbesondere konnte nicht klargestellt werden, ob die jeweilige (primäre) Rekristallisationstextur eindeutig durch die entsprechende Walztextur bestimmt ist oder ob sie noch anderen Einflüssen unterliegt.

Aus diesen Gründen wurde in der vorliegenden Arbeit eine systematische Untersuchung der primären Rekristallisationstexturen der Kupfer-Zink-Legierungen (α-Messing) vorgenommen, für die auch die Walztexturen von Alam, Mengelberg und Lücke [2] sehr gründlich untersucht waren. Dabei wurden Zinkgehalt und Walztemperatur systematisch variiert und die Texturen nach primärer Rekristallisation bestimmt. Hierzu war eine sehr große Anzahl von Polfiguren zu messen, was nur möglich war durch Verwendung eines sehr schnell laufenden vollautomatischen Texturgoniometers [2, 3].

Die gefundenen Ergebnisse werden in Form von Orientierungsbeziehungen zwischen Matrixtextur und neugebildeter Textur diskutiert, wobei 40°-Drehungen um eine gemeinsame $\langle 111 \rangle$-Achse eine besonders wichtige Rolle spielen.

2. Experimentelle Durchführung

2.1 Bestimmung der Polfiguren

Mit Hilfe eines von Lücke, Burmeister, Mengelberg und Alam entwickelten vollautomatisch arbeitenden Texturgoniometers [2, 3] wurden quantitative $\{111\}$- und $\{200\}$-Polfiguren ausgemessen. Dazu wurden vom größten Teil der Polfigur ($\alpha = 0^{\circ}$ bis 85°) Rückstrahlaufnahmen gemäß der Methode von Schultz [4] und lediglich von der Peripherie der Polfigur ($\alpha = 75^{\circ}$ bis 90°) Durchstrahlaufnahmen nach der Methode von Decker, Asp und Harker [5] angefertigt. Die Anpassung beider Bereiche fand auf dem 75°-Kreis statt.

In dieser Anlage wurde der Zählrohrstrom vor seiner Registrierung mit einer elektrischen Korrektureinheit automatisch korrigiert. Im Rückstrahlbereich bezog sich diese Korrektur auf das bekannte Absinken der reflektierten Röntgenintensität mit zunehmendem Winkel α, das auf der endlichen Ausdehnung des Strahlenbündels beruht und zuvor mittels einer texturlosen Pulverprobe gemessen worden war. Im Durchstrahlbereich wurden die Intensitätsänderungen infolge unterschiedlicher Absorption mit Hilfe der von Decker, Asp und Harker [5] angegebenen Formel für die hier verwendete Probendicke korrigiert. Diese korrigierten Intensitäten wurden von einem Linienschreiber registriert und gleichzeitig von einem Polfigurenschreiber durch farbige Schraffuren automatisch in Form von Polfiguren aufgezeichnet. Die Intensitäten wurden dabei als Vielfache der an einer Kupfer-Pulverprobe mit einer regellosen Orientierung gemessenen Röntgenintensität angegeben. Im allgemeinen liegt der Fehler der hier quantitativ ermittelten Polfiguren bei etwa $\pm$ 10%.

Als Proben dienten 25x15 mm große Blechstücke, die in verdünnter Salpetersäure von einer Dicke von 0,25 mm nach dem Walzen auf 0,09 mm abgeätzt worden waren. Diese Dicke entspricht einem Wert von $\mu d = 4$ (μ = Absorptionskoeffizient für Röntgenstrahlen). Bei diesem Wert sind die Absorptionskorrekturen im Rückstrahlbereich schon zu vernachlässigen und im Durchstrahlbereich relativ unabhängig von der Probendicke, so daß für beide Verfahren mit derselben Probe gearbeitet werden konnte [2]. Die abgeätzten Proben wurden in einen Rahmen gepreßt, der in das Goniometer eingesteckt und beim Übergang vom Rückstrahl- zum Durchstrahlverfahren nur umgesteckt werden mußte. Dadurch waren die Proben stets automatisch justiert. Zur besseren Mittelung führten die Proben während der Messung eine sich über 12 mm erstreckende Translationsbewegung aus.

2.2 Probenherstellung

Die Herstellung der Walzproben ist bei Alam et al [2] ausführlich beschrieben. α-Messing-Legierungen mit einem Zinkgehalt von 0,74%, 2,5%, 5%, 10%, 20% und 33,5% wurden aus Kupfer der Reinheit 99,99% und aus Zink der Reinheit 99,995% in einem Mittelfrequenz-Hochvakuumofen zusammengeschmolzen und zu Barren der Größe 150 x 24 x 15 mm vergossen. Diese Barren wurden auf eine Dicke von 12 mm abgehobelt, bei Raumtemperatur auf 5 mm gewalzt und anschließend einer Glühbehandlung von 30 Minuten bei 500°C unterzogen. Die feinkörnigeren Proben mit 10%, 20% und 33,5% Zink erfuhren eine zusätzliche Glühbehandlung von 120 Minuten bei 700°C, die ein gleichmäßig feines Korn von 0,05 mm Durchmesser bewirkte. Alle Proben waren fast texturlos.

Die Proben wurden dann mit einem Quarto-Laborwalzwerk (Durchmesser der Arbeitswalzen 15 mm) reversierend in 20-50 Stichen um 95% von 0,5 mm auf eine Enddicke von 0,25 mm gewalzt. Die Walze war so in ein Temperaturbad gestellt, daß sich Walzgut und Walzballen in der Badflüssigkeit befanden. Es wurden folgende Walztemperaturen verwendet: -196°C (das Temperaturbad war direkt mit flüssigem Stickstoff gefüllt); -130°C und -30°C (ein Pentan-Bad wurde mit Hilfe einer mit Stickstoff gefüllten Kühlschlange auf diesen Temperaturen gehalten); -80°C (einem

Pentan-Bad wurde festes Kohlendioxyd der Sublimationstemperatur von -80°C zugegeben) sowie +20, +60, +130, +200 und +275°C (mittels Heizwiderstände erwärmtes Thermostatenöl). Mit einem Regler, der die Stromzufuhr für die Heizwiderstände bzw. ein Magnetventil für die Zufuhr des flüssigen Stickstoffs steuerte, wurde die Temperatur des Bades auf ± 3°C genau eingestellt. Die so gewalzten Proben wurden bis zur Texturuntersuchung bzw. bis zur Rekristallisationsglühung unter flüssigem Stickstoff gelagert, um eine vorzeitige Rekristallisation zu vermeiden 1).

2.3 Rekristallisationsglühung

Vor der Rekristallisationsglühung wurden die 0,25 mm dicken Proben auf etwa 0,20 mm abgeätzt, um einen Einfluß der Oberflächenschicht auf die Rekristallisationstextur auszuschalten. Die Rekristallisationsglühung fand an Luft statt; die Proben waren dabei zur Vermeidung einer Oxidschichtbildung in eine dünne Kupferfolie eingewickelt.

Die Glühtemperaturen T_A wurden so gewählt, daß bei einer festen Glühzeit von 30 Minuten die primäre Rekristallisation vollständig abgeschlossen war, aber noch keine bemerkenswerte Kornvergrößerung stattgefunden hatte. Zur Ermittlung dieser Temperaturen wurde auf Messungen von Rosenbaum und Lücke [7] zur Rekristallisationskinetik des hier verwendeten Materials zurückgegriffen. Dort waren als Funktion der Glühtemperatur T_A die Zeiten τ bestimmt, die der halben Eigenschaftsänderung bei der Rekristallisation (Änderung des Widerstandes bzw. der Härte) entsprachen. Abb. 1a zeigt die Ergebnisse für Kupfer und verschiedene Messinge nach Walzen bei 20°C und -196°C. Auch für die anderen hier nicht eingetragenen Walztemperaturen lagen τ-Werte vor bzw. ließen sich τ-Werte leicht durch Interpolation ermitteln. (Die Aktivierungsenergien, die sich aus dieser Arrhenius-Auftragung ergaben, lagen zwischen 1,0 eV für Cu 99,99% nach Walzen bei -196°C und 2,0 eV für Cu-5% Zn nach Walzen bei Raumtemperatur.)

In einer Reihe von Vorversuchen an raumtemperaturgewalztem Kupfer und Messing mit 10 und 20% Zink wurden Texturaufnahmen und mikroskopische Gefügeuntersuchungen mit den Daten von Abb. 1a verglichen. Als Ergebnis läßt sich zusammenfassend feststellen, daß nach Glühbehandlungen entsprechend dem 10^{-1} bis 10^{2}-fachen der dort angegebenen Halbwertszeit die Walzproben vollständig rekristallisiert sind. Textur und Gefüge ändern sich dann erst wieder nach Glühzeiten von $10^{5}\tau$ bis $10^{7}\tau$, wenn Kornvergrößerung auftritt. Es sind daher aus den Kurven von Abb. 1a die Temperaturen herausgesucht worden, für die die hier verwendete Glühdauer von 30 Minuten $10^{1}\tau$ und $10^{5}\tau$ beträgt. Indem man dann diese Werte in Abb. 1b einträgt, findet man die Temperaturintervalle, in denen man die jeweiligen Proben bedenkenlos 30 Minuten glühen kann ohne daß eine Änderung der Rekristallisationstextur eintritt. Der Übersicht wegen wurden in Abb. 1b nur die Temperaturintervalle für Cu 99,99% sowie Cu-10% Zn eingezeichnet. Die Rekristallisationstemperaturen wurden schließlich aus der oberen Hälfte des jeweiligen Temperaturintervalls gewählt, so daß die Glühzeiten (30 Minuten) zwischen 10^{3} und $10^{4}\tau$ lagen. Diese Temperaturen sind für alle Proben in Abb. 1b eingetragen und führten zu Korndurchmessern von 0,005 - 0,05 mm. (Texturen im unteren

Bereich des Intervalls unterscheiden sich von den hier gezeigten nur dadurch, daß sie nicht ganz so scharf ausgebildet sind.)

3. Ergebnisse der Texturuntersuchung

Die Walztexturen von Kupfer und α-Messing in Abhängigkeit von der Walztemperatur und dem Zinkgehalt sind in einer besonders gründlichen Untersuchung von Alam et al [2] ermittelt worden. Da für die hier vorliegenden Messungen der Rekristallisationstexturen dasselbe Probenmaterial Verwendung fand und einige Stichversuche zu guten Übereinstimmungen mit den Ergebnissen von Alam et al [2] führten, wurde hier auf systematische Untersuchungen der vorangegangenen Walztexturen verzichtet.

Analog zu den Walztexturen, wo die Kupfertextur (Abb. 2) und die Messingtextur (Abb. 3) als Grenztypen auftreten, lassen sich auch bei den Rekristallisationstexturen zwei Grenztypen erkennen: (i) bei hohen Walztemperaturen und niedrigem Zn-Gehalt die Würfeltextur (001) [100] (Abb. 5), die meist noch schwach ausgeprägt die zugehörigen Zwillingslagen (122) $[21\bar{2}]$ enthält, und (ii) die Messing-Rekristallisationstextur (Abb.6), die aus den vier Komponenten der Ideallage (326) $[83\bar{5}]$ besteht. Neben diesen beiden Grenztypen gibt es eine Fülle verschiedenartiger, recht komplex aussehender Übergangstypen. Beispiele für solche Übergangstypen sind in Abb. 7 (Cu 99,99% nach Walzen bei -196°C), Abb. 8 (Legierungen mit verschiedenem Zn-Gehalt nach Walzen bei Raumtemperatur), Abb. 9 (Cu-5% Zn nach Walzen bei verschiedenen Temperaturen) und in Abb. 10 (Legierungen mit verschiedenem Zn-Gehalt nach Walzen bei -196°C) gezeigt.

4. Diskussion der Ergebnisse

4.1 Walztexturen

Mit Hilfe von elektronenmikroskopischen Orientierungsbestimmungen der Einzelkristallite an einigen Cu-Zn-Legierungen fanden Perlwitz, Lücke und Pitsch [8], daß die Messingwalztextur (Abb. 3) im wesentlichen aus der (011) $[21\bar{1}]$-Orientierung besteht, eine Walztextur des Übergangs (Abb. 4) aus der Überlagerung (011) $[21\bar{1}]$ und (123) $[63\bar{4}]$ und die Kupferwalztextur (Abb. 2) aus den drei Orientierungen (011) $[21\bar{1}]$, (123) $[63\bar{4}]$ und (112) $[11\bar{1}]$. Durch Bestimmung der dreidimensionalen Orientierungsverteilungsfunktion (OVF) wurden kürzlich von Pospiech und Lücke [9] diese Daten erneut ausgewertet, und Schmidt, Lücke und Pospiech [10, 11] analysierten einige Polfigurmessungen von Cu-Zn-Legierungen. In beiden Untersuchungen wurden die Feststellungen von Perlwitz et al, daß die Walztexturen der kfz. Metalle aus den drei Orientierungen (011) $[21\bar{1}]$, (123) $[63\bar{4}]$ und (112) $[11\bar{1}]$ zusammengesetzt sind, im wesentlichen bestätigt. Aufgrund der größeren Genauigkeit der OVF-Methode ließen sich hier jedoch noch einige zusätzliche kleinere Komponenten erkennen. In der Übergangs- und Messingwalztextur tritt die Goßlage (011) [100] auf. In der Kupfer- und Übergangswalztextur (jedoch nicht in der sehr reinen Messingwalztextur) wurde in sehr geringem

Anteil die gekippte Würfellage (013) [100] gefunden. Alam et al [2] haben die {111}- und {200}-Polfiguren der Cu-Zn-Legierungen nach 95% Walzgrad systematisch als Funktion der Walztemperatur und des Zn-Gehaltes gemessen. Betrachtet man die Intensitäten an charakteristischen Stellen dieser Polfiguren, läßt sich die Zusammensetzung der Walztexturen aus den drei Perlwitz-Lücke-Pitsch-Orientierungen und der Goßlage abschätzen. Die Ergebnisse einer solchen Abschätzung sind in Abb. 11a durch die Größe der verschieden schraffierten Bereiche als Funktion der Walztemperatur und des Zn-Gehaltes angegeben. Die dick ausgezogene Treppenlinie gibt den Texturübergang an. Beispiele für Polfiguren mit Goßlage zeigen die Abb. 3 und 4 und ohne Goßlage Abb. 2.

Obwohl prinzipiell bekannt ist, daß der Übergang von der Kupfer- zur Messingwalztextur durch die Bildung von Verformungszwillingen verursacht wird, gibt es noch keine fundierte quantitative Theorie für die Abhängigkeit der Übergangswalztemperatur vom Legierungsgehalt. Wie bereits in [2] erläutert wurde, läßt sich diese Abhängigkeit am besten durch den empirischen Ausdruck $\tau_{III}(T_{TR}) = 1{,}1 \cdot 10^{-3}$ beschreiben, wobei τ_{III} die Einsatzspannung für Quergleitung bei der Übergangswalztemperatur T_{TR} ist.

4.2 Rekristallisationstexturen

Die in der Literatur wiedergegebenen Untersuchungen der Rekristallisationstexturen von Cu-Zn-Legierungen beschränken sich auf einige Stichversuche, die jedoch gut in das hier gegebene vollständige Schema passen. So stimmen die von Merlini und Beck [12] und Beck und Hu [13] an raumtemperaturgewalzten Cu-Zn-Legierungen gewonnenen Texturaufnahmen mit denen dieser Arbeit überein. Bei niedrigen Zn-Gehalten wurden die (013) [100]-Lage und Orientierungen in der Nähe von (368) [42$\bar{3}$] und (132) [11$\bar{2}$] gefunden [12] . Für die Legierung Cu-30% Zn erhielten Beck und Hu [13] eine Textur, die sie mit (225) [73$\bar{4}$] indizierten. Diese Orientierung stimmt sehr gut mit der hier angegebenen (326) [83$\bar{5}$] (bis auf $\rho = 6^{o}$ 2)) überein, jedoch unterscheidet sich ihre {111}-Polfigur deutlich von der in Abb. 6 wiedergegebenen. Wie von Lücke und Schmidt [14] gezeigt wurde, ist die Ursache hierfür nicht eine unterschiedliche Textur sondern eine weniger genaue Texturbestimmung von Beck und Hu. Bei Erniedrigung der Walztemperaturen unterhalb Raumtemperatur bei Cu 99,99% finden auch Hu und Goodman [15] Rekristallisationstexturen des Übergangstyps mit den Orientierungen (013) [100] und (214) [52$\bar{3}$] . Verglichen mit der hier vorliegenden Arbeit ist der Texturübergangsbereich jedoch zu tieferen Temperaturen hin verschoben. Außerdem stimmt die Rekristallisationstextur von Kupfer, gewalzt bei -196°C, nicht mit der in der vorliegenden Untersuchung ermittelten überein. Dies läßt sich durch die Tatsache erklären, daß ihre Walze nicht in einem Temperaturbad stand. Statt dessen wurden die Proben auf die angegebene "Walztemperatur" abgekühlt und dann bei Raumtemperatur gewalzt, so daß die wahre Temperatur während des Walzens höher angenommen werden muß als sie dort angegeben ist.

Untersucht man wieder die charakteristischen Stellen der Polfiguren, lassen sich die Anteile der verschiedenen Orientierungen an den einzelnen Rekristallisationstexturen abschätzen.

Dies ist in Abb. 11b als Funktion des Zn-Gehaltes und der Walztemperatur geschehen. Die stark ausgezogene Treppenlinie von Abb. 11a, die den Übergang von der Kupfer- in die Messingwalztextur angibt, ist ebenfalls in Abb. 11b eingetragen. Man erkennt, daß sie auch dort den Texturübergang, nämlich von der Würfellage (001) [100] zur Messing-Rekristallisationslage (326) [83$\bar{5}$] charakterisiert. Das zeigt bereits, daß die Rekristallisationstextur in erster Näherung durch die jeweils vorliegende Walztextur bestimmt ist. Man erkennt weiterhin, daß die Texturen des Übergangstyps, die eine Vielzahl von Orientierungen enthalten, deutlich unterhalb der Treppenlinie liegen. Das bedeutet, daß die reine Messing-Rekristallisationslage (326) [83$\bar{5}$] nur dann gebildet werden kann, wenn die Walztextur vom reinen Messingtyp ist, und daß die Würfellage (001) [100] immer dann sehr stark auftritt, wenn alle drei Walzorientierungen gut ausgebildet sind. Es ist wichtig, festzustellen, daß der Übergang der Würfeltextur in die Messing-Rekristallisationstextur nicht kontinuierlich erfolgt, wie das bei den Walztexturen der Fall ist, wo eine Komponente auf Kosten einer anderen an Intensität gewinnt. Vielmehr treten hier im Texturumschlagsbereich viele zusätzliche Orientierungen auf (bis zu vier in einer Polfigur), deren Anteil den der beiden Extremlagen weit übertreffen kann. Bei dem bei -196°C gewalzten Kupfer treten die beiden Extremlagen sogar überhaupt nicht auf; hier ist die der Messing-Rekristallisationslage ähnliche (203) [31$\bar{2}$]-Lage die stärkste Komponente.

5. Diskussion der Mechanismen zur Entstehung von Rekristallisationstexturen

5.1 Orientiertes Wachstum

Nach Beck [16] wird angenommen, daß rekristallisierende Körner mit bestimmten Orientierungszusammenhängen zur verformten Matrix schneller als andere wachsen und so die Rekristallisationstextur bestimmen. Wachstumsausleseversuche [17, 18] sowie direkte Messungen der Korngrenzenwanderungsgeschwindigkeit [19] an Aluminium-Einkristallen ergaben, daß maximales Wachstum gerade dann stattfindet, wenn der Orientierungszusammenhang zwischen Keim und Matrixkristall durch eine 40°-Rotation um einen gemeinsamen ⟨111⟩-Pol gegeben ist 3). Ähnliche Ergebnisse fand man auch an anderen kfz-Metallen [17]. Speziell an Kupfer haben derartige Wachstumsausleseversuche wegen der starken Bildung von Rekristallisationszwillingen keine so klaren Ergebnisse gebracht, so daß nicht eindeutig zwischen einer ⟨111⟩-Rotation von 40° oder von 30°, was ebenfalls vorgeschlagen wurde [20], entschieden werden konnte. Will man diese an Einkristallen gewonnenen Ergebnisse auf die Rekristallisationsvorgänge polykristalliner Metalle übertragen, muß man, besonders bei hohen Verformungsgraden, davon ausgehen, daß die rekristallisierten Körner groß sind im Vergleich zur Größe der verformten Körner. Die wachsenden Körner müssen dann in mehrere verformte Körner mit unterschiedlichen Orientierungen hineinwachsen können. Es ist dann nicht mehr zu erwarten, daß die großen Körner eine Orientierung mit maximaler Wachstumsgeschwindigkeit in Bezug auf eine einzelne Komponente der Walztextur besitzen, sondern eine solche Orientierung haben, die möglichst gutes Wachstum in möglichst viele Komponenten gewährleistet ("Kompromißtexturen").

Zur Prüfung dieser Vorstellungen sind in Tabelle 1 die Orientierungszusammenhänge zwischen je einer Komponente der beobachteten sechs Rekristallisationsorientierungen und allen Komponenten der vier Walzorientierungen (vergl. 4.1) zusammengestellt. Hierzu wurden alle Walzkomponenten um jeden der vier $\langle 111 \rangle$-Pole (in Abb. 2 mit den Buchstaben A, B, C, D bezeichnet) $+40^{\circ}$ und -40° gedreht, so daß man für jede Walzkomponente $2 \times 4 = 8$ Drehungen erhielt. Es wurden dann die Orientierungsabstände ρ zwischen diesen 40° $\langle 111 \rangle$ gedrehten Walzkomponenten und einer der (kristallographisch äquivalenten) Komponenten der jeweiligen Rekristallisationsorientierung bestimmt. Der kleinste dieser acht ρ-Werte ist in Tabelle 1 zusammen mit der entsprechenden Drehachse und Drehsinn eingetragen. Ein kleiner ρ-Wert bedeutet also, daß die einzelnen Walzkomponenten sich gut durch diese 40° $\langle 111 \rangle$-Rotation in die jeweils betrachtete Rekristallisationsorientierung überführen lassen. Die ρ-Werte, die auf 30° anstatt 40° $\langle 111 \rangle$-Rotationen basieren, sind in Tabelle 1 in Klammern neben den 40° ρ-Werten angegeben. Sie sind jedoch durchweg größer als die Werte, die nach 40° Rotationen erhalten werden.

Die Folgerungen, die sich aus dieser Tabelle ergeben, von denen einige bereits von Beck et al [21, 22] , Dillamore [23] und Lücke et al [24] betrachtet wurden, sollen im folgenden eingehend diskutiert werden. Hierbei wird der 40° $\langle 111 \rangle$-Orientierungszusammenhang als gut erfüllt betrachtet für $\rho \leq 10^{\circ}$ und ziemlich gut erfüllt für $\rho \leq 18^{\circ}$. Zusätzlich zu den sechs beobachteten Rekristallisationsorientierungen ist auch noch die Orientierung (211) $[01\bar{1}]$, die nie gefunden wurde, in Tabelle 1 aufgeführt.

(a) Messingwalztextur. Die Messingwalztextur besteht im wesentlichen nur aus der zweikomponentigen (011) $[21\bar{1}]$-Lage (Abb.12a). Infolge der Symmetrie dieser Lage ergeben sich anstelle der acht möglichen nur vier kristallographisch nicht äquivalente 40° $\langle 111 \rangle$-Drehungen (A+ ≡ A−, Abb. 12d; B+ ≡ C+, Abb. 12c; B− ≡ C−, Abb. 12b und D+ ≡ D−, Abb. 12b). Diese Messingwalztextur hat die besondere Eigenschaft, daß es für jede 40° $\langle 111 \rangle$-Drehung der einen Komponente eine 40° $\langle 111 \rangle$-Drehung der anderen Komponente gibt, die zu der annähernd gleichen Orientierung führt. So lassen sich durch diese 40° $\langle 111 \rangle$-Drehungen drei Orientierungen (dargestellt in Abb. 12b, c, d) finden, die in der Lage sein sollten, gut in beide Walzkomponenten hineinzuwachsen. Diese Orientierungen sind die beobachteten Lagen (326) $[83\bar{5}]$ (Abb. 12b) und (013) [100] (Abb. 12c) und die Orientierung (211) $[01\bar{1}]$ (Abb. 12d), die niemals gefunden wurde. Tabelle 1 zeigt, daß der 40° $\langle 111 \rangle$-Orientierungszusammenhang für diese drei Orientierungen gut erfüllt ist und ziemlich gut für die (203) $[31\bar{2}]$-Lage (die ähnlich der (326) $[83\bar{5}]$-Lage ist).

(b) Übergangswalztextur. Hier tritt zu der bereits besprochenen (011) $[21\bar{1}]$-Lage die vierkomponentige S-Lage (123) $[63\bar{4}]$. Jede dieser Komponenten führt zu acht kristallographisch nicht äquivalenten Rotationen. Es ist allgemein bekannt, daß die beste Kompromißorientierung die Würfellage (001) [100] ist (die Drehung C+ um alle vier Komponenten führt zu $\rho = 10^{\circ}$, Abb. 13a). Die (368) $[42\bar{3}]$-Orientierung, die ähnlich der S-Lage ist und vergleichbar der R-Lage, die als Rekristallisationslage bei Aluminium gefunden wird, hat eine ziemlich gute 40° $\langle 111 \rangle$-Orientierungsbeziehung zu den drei anderen Komponenten der

S-Lage. Auch die (203) [31$\bar{2}$]-Lage besitzt einen ziemlich guten 40° ⟨111⟩-Orientierungszusammenhang zu drei Komponenten der S-Lage (genauso wie zu beiden Komponenten der (011) [21$\bar{1}$]-Lage). Die Orientierungen (013) [100] und (326) [83$\bar{5}$], die beide bezüglich der (011) [21$\bar{1}$]-Lage gut orientiert sind, haben eine ziemlich gute 40° ⟨111⟩-Orientierungsbeziehung zu zwei bzw. einer der vier Komponenten der S-Lage. Die (132) [11$\bar{2}$]-Lage hingegen hat nur zu einer Komponente der S-Lage eine ziemlich gute 40° ⟨111⟩-Beziehung.

(c) Kupferwalztextur. Bei dieser Walztextur wird als dritte Orientierung zusätzlich noch die zweikomponentige (112) [11$\bar{1}$]-Lage beobachtet. Für sie erhält man wiederum nur vier kristallographisch nicht gleichwertige 40° ⟨111⟩-Rotationen A+ ≡ C-, A- ≡ C+, B+ ≡ B-, D+ ≡ D-). Bis auf die (368) [42$\bar{3}$]-Lage besteht hier kein 40° ⟨111⟩-Zusammenhang mit einem Orientierungsabstand von $\rho \leq 18°$. Das bedeutet, keine der beobachteten Rekristallisationsorientierungen sollte gut in diese Walzorientierung hineinwachsen können. Aber auch hier ist das Auftreten der Würfellage verständlich. Einerseits hat sie eine ziemlich gute Orientierungsbeziehung zu den vier Komponenten der S-Lage (Abb. 13a), andererseits macht ihre hohe Symmetrie sie automatisch zu einem Kompromiß gegenüber den kristallographisch äquivalenten Komponenten der Orientierungen (011) [21$\bar{1}$] und (112) [11$\bar{1}$], auch wenn hier der 40° ⟨111⟩-Orientierungszusammenhang nicht sehr gut erfüllt ist (Abb. 13b).

Zusammenfassend läßt sich vom Standpunkt des orientierten Wachstums und der Kompromißlagenbildung folgendes feststellen:

(i) Die Hauptrekristallisationslagen haben alle eine 40° ⟨111⟩-Orientierungsbeziehung zur verformten Matrix und lassen sich gut als Orientierungen schnellen Wachstums und Kompromißorientierungen interpretieren. Das trifft zu für die Orientierungen (326) [83$\bar{5}$] und (013) [100] (und möglicherweise (203) [31$\bar{2}$]) bei Vorliegen der Messingwalztextur und für die Würfellage (001) [100] und vielleicht die (368) [42$\bar{3}$]-Lage bei Vorliegen der Übergangs- und Kupferwalztextur.

(ii) Das Entstehen der (132) [11$\bar{2}$] und der (203) [31$\bar{2}$] -Orientierung im Falle der Übergangs- und Messingwalztextur ist nicht verständlich, da es wesentlich bessere Kompromißorientierungen gibt.

(iii) Unverständlich ist ebenfalls, warum z.B. im Vergleich zu (326) [83$\bar{5}$] die (013) [100]-Lage nur schwach gebildet wird, und die (211) [01$\bar{1}$]-Lage überhaupt nicht auftritt, obwohl diese Orientierungen ziemlich gute Kompromißlagen darstellen (Abb.12c und 12d).

Bezüglich des letzten Punktes wurde vorgeschlagen, daß der geringe Anteil der Goßlage (011) [100] an der Messingwalztextur die Orientierungen (211) [01$\bar{1}$] [21] und (013) [100] [23] unterdrückt, da der Orientierungsabstand ρ dieser beiden Orientierungen zur 40° ⟨111⟩ gedrehten (011) [100]-Lage (ρ = 32° in beiden Fällen) groß ist verglichen mit ρ = 20° für (326) [83$\bar{5}$]. Andererseits erklärt dieses Argument nicht alle Beobachtungen. So erklärt es z.B. nicht, warum die (013) [100]-Lage manchmal beobachtet wird (auch wenn die Goßlage in der Walztextur vorhanden ist, Abb. 11a), die (211) [01$\bar{1}$]-

Lage jedoch nie auftritt. Darüber hinaus wird bei gleichem Anteil der Goßlage an der Messingwalztextur die (013) [100]-Orientierung in einigen Fällen beobachtet und in anderen Fällen nicht (Abb. 11a/b und [25]).

5.2 Orientierte Keimbildung

Wie die bisherige Diskussion gezeigt hat, werden nicht alle 40° ⟨111⟩-Rotationen und nicht alle theoretisch möglichen Kompromißorientierungen beobachtet, statt dessen jedoch weniger gut passende Orientierungen. Dies führt zu dem Schluß, daß es noch andere Ursachen für die Auswahl der Rekristallisationsorientierungen geben muß. Es soll nun hier diskutiert werden, inwieweit das Vorhandensein von Keimen eine Rolle spielen könnte. Keimbildung bedeutet die Erzeugung von ausreichend großen, nahezu versetzungsfreien Gebieten, die eine günstige Orientierungsdifferenz zu den Hauptorientierungen der verformten Matrix haben. Drei mögliche Keimbildungsmechanismen sollen im folgenden betrachtet werden.

(a) Keime als Teile der verformten Matrix. Dieses Konzept der während der Verformung gebildeten Keime, das zuerst von Burgers [26] vorgeschlagen wurde und erst kürzlich von Dillamore und Katoh [27] sehr sorgfältig ausgearbeitet wurde, geht davon aus, daß die Verformung grundsätzlich zu einer Orientierungsstreuung führt und daß die Keime in solchen Gebieten der Matrix gebildet werden, deren Orientierung sich von der Hauptorientierung der Matrix ziemlich stark unterscheidet. Eine direkte Bestätigung dieser Annahme wurde kürzlich von Lücke, Rixen und Senna [28] an 80% gewalzten Al-Einkristallen erbracht. Sie fanden wiederum einen 40° ⟨111⟩-Orientierungszusammenhang, aber nur eine der acht möglichen Komponenten. Indem sie die sehr schwach belegten Gebiete der Polfigur ausgemessen haben, zeigten sie, daß dies die einzige Komponente war, deren Orientierung gerade eben noch am Rande der Streuung der Walztextur lag.

Dillamore und Katoh [27] nahmen an, daß die Keime hauptsächlich in Verformungs- und Übergangsbändern gebildet werden, d.h. in den Teilen der verformten Matrix, in denen die Orientierungsänderung während der Verformung besonders langsam erfolgt. Durch Anwendung der Taylor Theorie konnten sie ableiten, daß diese Orientierungen Flächen im Orientierungsraum bilden, und sie fanden, daß die meisten der beobachteten Rekristallisationsorientierungen in der Nähe solcher Flächen lagen. Sie folgerten weiter, daß der kristallographische Orientierungszusammenhang zwischen Verformungs- und Rekristallisationstextur und daher auch die Rekristallisationsorientierungen (001) [100] und (326) [83$\bar{5}$] ausschließlich durch die Orientierungen dieser Bänder und nicht durch eine anschließende Wachstumsauslese bestimmt sind. Wie bereits teilweise von Lücke [24] erörtert wurde, erscheint dieser letzte Schluß jedoch unwahrscheinlich. Erstens ist unverständlich, warum nicht alle Punkte dieser Flächen als Keimorientierungen wirken, sondern nur die wenigen, die beobachtet werden und die darüber hinaus zufällig auch noch 40° ⟨111⟩-Kompromißorientierungen sind. Zweitens wurde dieser 40° ⟨111⟩-Orientierungszusammenhang für sehr verschiedene Verformungsarten und Verformungsgrade [24, 28, 29] gefunden, für die die Orientierungen der Deformationsbänder voneinander sehr unterschiedlich sein sollten.

Um diesen Keimbildungsmechanismus auf die vorliegenden Ergebnisse anzuwenden, wurden die gemessenen Kupfer- und Messingwalztexturen noch einmal sehr gründlich untersucht, um Hinweise dafür zu erhalten, ob Keime der beobachteten Rekristallisationsorientierungen bereits Teil der verformten Matrix sind oder nicht. Anzeichen hierfür konnten jedoch nur für die (013) [100] -Orientierung gefunden werden, die nur dann in der Rekristallisationstextur aufzutreten scheint, wenn sie auch in der Walztextur vorhanden ist. Am deutlichsten läßt sich das am Beispiel von Silber [25] erkennen. Dort wird diese Orientierung nach Raumtemperaturwalzung sowohl in der Walz- als auch in der Rekristallisationstextur beobachtet, während sie nach Walzen bei -196°C weder in der Walztextur noch in der Rekristallisationstextur auftritt.

Betrachtet man jedoch die Hauptrekristallisationsorientierungen (001) [100] und (326) [83$\bar{5}$] , so lassen weder die Berücksichtigung geringster Intensitätsniveaus in den Polfiguren (0,1-Konturen), noch elektronenmikroskopische Orientierungsbestimmungen der Einzelkristallite [8] und auch nicht die Berechnung der dreidimensionalen Orientierungsverteilungsfunktion [10,11] Keime in diesen Orientierungen erkennen. Das könnte bedeuten, daß der Anteil dieser Orientierungen an der Walztextur zu gering ist, um erfaßt zu werden, es könnte jedoch auch möglich sein, daß Keime solcher Orientierungen nicht in der verformten Matrix vorhanden sind, sondern erst im Verlauf der Rekristallisation gebildet werden.

(b) Keime als Zwillinge erster oder höherer Generation der verformten Matrix. Aufgrund elektronenmikroskopischer Beobachtungen sowie Texturuntersuchungen folgerte Peters [30], daß für eine Cu-10% Sn-Legierung hauptsächlich Zwillinge zweiter Generation als Keime wirkten. Das ist plausibel, da Zwillinge erster Generation zur verformten Matrix nur sehr langsam wachsende Zwillingskorngrenzen besitzen und daher keine guten Wachstumsmöglichkeiten haben. Auf die Rolle der Zwillingsbildung bei der Entstehung von Rekristallisationstexturen wurde auch von Schmidt, Lücke und Pospiech [10] bei Cu-P-Legierungen [31] hingewiesen, wo alle beobachteten Orientierungen Zwillinge zweiter Generation zur Matrix waren. Die Tatsache, daß Keimbildung über die Bildung von Zwillingen abläuft, konnte erst kürzlich sehr direkt bei der dynamischen Rekristallisation von Kupfer-Einkristallen von Zabardjadi et al [32] gezeigt werden. Dort wurde außerdem gefunden, daß nur solche Zwillingsorientierungen, die ungefähr einen 30° - 40° ⟨111⟩-Orientierungszusammenhang zur verformten Matrix hatten, zu großen Körnern wuchsen.

Die von Peters gefundene Rekristallisationstextur ist ähnlich den hier an Cu-Zn beobachteten und mit (326) [83$\bar{5}$] beschriebenen Messing-Rekristallisationstexturen 4). Die Zwillingsorientierungen von (326) [83$\bar{5}$] sind in Abb. 14 dargestellt, wo auch die Streuung der Messingwalztextur bis zur 1,0-Kontur durch die schraffierten Gebiete angegeben ist. Zwillingsbildung um Pol A von ABCD führt zu einer Orientierung

$AB_TC_TD_T$, die nur 13° von der komplementären (kristallographisch gleichwertigen) Orientierung AB'C'D' der ursprünglichen Orientierung (326) $[83\bar{5}]$ entfernt liegt. Eine zweite Verzwillingung um Pol B_T dieses Zwillings erster Generation führt zu einer Orientierung $A_{TT}B_TC_{TT}D_{TT}$, die 22° von (011) $[21\bar{1}]$ entfernt ist, aber in der Brücke zwischen (011) $[21\bar{1}]$ und (011) [100] liegt, welche in der Messing- und Übergangswalztextur stark belegt ist (Abb. 3 und 4). Im Gegensatz dazu führt eine direkte Verzwillingung der komplementären Orientierung von (326) $[83\bar{5}]$ AB'C'D' um Pol B' zu einer Lage $A_T'B'C_T'D_T'$, die nur 20° von (011) $[21\bar{1}]$ entfernt ist, jedoch außerhalb der Streuung der Walztextur liegt. Diese Tatsache, daß der Zwilling zweiter Generation jedoch nicht der Zwilling erster Generation von (326) $[83\bar{5}]$ in der Messingwalztextur deutlich belegt ist, wurde auch durch die dreidimensionale Texturanalyse bestätigt [11] .

Es läßt sich hieraus schließen, daß Keime der (326) $[83\bar{5}]$-Orientierung nicht als Zwillinge erster, sondern als Zwillinge zweiter Generation erhalten werden können, die ihren Ursprung in der Streuung der Walztextur in einer Entfernung von $\rho = 22°$ von (011) $[21\bar{1}]$ in der Brücke zwischen (011) $[21\bar{1}]$ und (011) [100] haben. Dies wird durch die Tatsache untermauert, daß die (326) $[83\bar{5}]$-Lage als Rekristallisationsorientierung nur dann auftritt, wenn die Orientierungen (011) $[21\bar{1}]$ und (011) [100] (und damit auch das Streugebiet dazwischen) in der Walztextur vorhanden sind. Allerdings kann die Zwillingsbildung wahrscheinlich nicht als alleiniger Keimbildungsmechanismus angesehen werden. Sie ist nur möglich für Metalle mit niedriger Stapelfehlerenergie, so daß die bei Metallen mit hoher Stapelfehlerenergie gefundene Würfeltextur eine andere Deutung verlangt. Außerdem kann der häufig beobachtete 40° ⟨111⟩-Orientierungszusammenhang nicht durch Zwillingsbildung erklärt werden 5).

(c) <u>Keime erzeugt durch inverse Rowland Transformation (IRT)</u>, (und ggf. anschließende Zwillingsbildung). Nach Burgers und Verbraak [33] kann durch IRT aus einer Walzorientierung und der zugehörigen Zwillingsorientierung eine neue Orientierung entstehen. Z.B. wird aus der Orientierung (112) $[11\bar{1}]$ + Zwilling (112) $[\bar{1}\bar{1}1]$ oder der Orientierung (011) $[21\bar{1}]$ + Zwilling (011) $[2\bar{1}1]$ die Würfellage (001) [100] gebildet. Bestätigt wurde dies von Hinkel, Haase und Granzer [34] , die durch elektronenmikroskopische Beobachtungen an teilweise rekristallisiertem polykristallinen Kupfer feststellten, daß die in Würfellage rekristallisierten Körner ganz oder teilweise in einer (112) $[11\bar{1}]$- bzw. (011) $[21\bar{1}]$-Zwillingsmatrix eingebettet lagen. Slakhorst [35] schließt aufgrund seiner elektronenmikroskopischen und Texturuntersuchung an Silber, daß sich bei Beginn der Rekristallisation durch IRT Keime bilden, aus denen dann durch anschließende Zwillingsbildung Körner der Rekristallisationslage entstehen. So wird z.B. die Messingrekristallisationsorientierung (326) $[83\bar{5}]$ von diesem Autor als Zwilling zweiter Generation der durch IRT gebildeten Würfellage ($\rho = 9°$) betrachtet und die gekippte Würfellage (013) [100] als Zwilling dritter Generation der ebenfalls durch IRT gebildeten (012) [210] -Lage ($\rho = 8°$). Bei Metallen mit hoher Stapelfehlerenergie finden nach Slakhorst diese Zwillingsbildungen nicht statt, und man erhält als Rekristallisationstextur nur die durch IRT gebildete Würfeltextur. Es sollte jedoch darauf hingewiesen werden, daß die beobachtete Bevorzugung des 40° ⟨111⟩-Orientierungszusammenhangs nicht durch IRT allein, sondern nur durch IRT und anschließender Zwillingsbildung bis zur zweiten Generation ermöglicht werden kann 6).

5.3 Zusammenfassung

Faßt man diese Diskussion zusammen, ergeben sich folgende Feststellungen:

(i) Alle drei oben besprochenen Möglichkeiten zur Keimbildung (Keime als Teil derjenigen Gebiete der verformten Matrix, die in ihrer Orientierung stark abweichen, Keime als Zwillinge höherer Generation aus verschieden orientierten Gebieten der Matrix und Keime erzeugt durch inverse Rowland Transformation und ggf. anschließender Zwillingsbildung höherer Generation) stehen nicht im Widerspruch zu den Ergebnissen dieser Arbeit und könnten die Keimbildungsmechanismen, die unter den verschiedenen Bedingungen auftreten, korrekt beschreiben. Allerdings ergeben sich nur in wenigen Fällen (z.B. für die Bildung von (013) [100]) aus dieser Arbeit direkte Anzeichen dafür, welcher der verschiedenen Mechanismen jeweils Anwendung findet.

(ii) Es gibt zwei Definitionen für die Keimbildung: die Bildung von nahezu versetzungsfreien Gebieten in der verformten Matrix (erkennbar im Elektronenmikroskop) und der Wachstumsbeginn solcher Körner, die später groß werden und dabei die Struktur und abgeschlossene Primärrekristallisation bestimmen (erkennbar in der Rekristallisationstextur). Die letzteren können zu einem späteren Stadium der Rekristallisation entstehen, wie z.B. durch Mechanismus (b) und (c) angenommen wird. Das würde bedeuten, daß Orientierungen, die z.B. durch die Dillamore-Katoh-Theorie vorausgesagt werden, nicht direkt auf die beobachtete Rekristallisationstextur bezogen werden können.

(iii) Die meisten Orientierungen, die in der Rekristallisationstextur gefunden werden (z.B. (326) [$83\bar{5}$]) sind in der zugehörigen Walztextur nicht vorhanden. Andererseits werden die Zwischenstadien der Zwillings- und Transformationsketten, die durch die Mechanismen (b) und (c) beschrieben werden, ebenfalls meistens nicht beobachtet (z.B. der Zwilling erster Generation von (326) [$83\bar{5}$]). Das heißt, man muß, um jeden der drei Keimbildungsmechanismen zu erhalten, annehmen, daß bestimmte Orientierungen vorhanden sind, jedoch in so geringen Anteilen, daß sie nicht erkennbar sind. Dies bedeutet eine zusätzliche Schwierigkeit bei der Diskussion der verschiedenen Keimbildungsmechanismen. Lediglich in einigen Arbeiten an Einkristallen (z.B. Zabardjadi et al [32]) konnten die Zwillingsketten wirklich im einzelnen nachgewiesen werden.

(iv) Aufgrund der Tatsache, daß die beobachteten Rekristallisationstexturen aus relativ scharfen Orientierungsverteilungen bestehen (in manchen Fällen sogar schärfer als bei den Walztexturen) und daß diese Orientierungen kristallographisch auf die verformte Matrix bezogen werden können (hier durch 40° ⟨111⟩), läßt sich schließen, daß die Entstehung der Rekristallisationstexturen durch einen scharfen Auswahlprozeß kontrolliert wird. Da jeder der oben beschriebenen Keimbildungsmechanismen zu einer großen Anzahl verschiedener Keimorientierungen führt, und da der beobachtete 40° ⟨111⟩ - Orientierungszusammenhang identisch ist mit der Orientierungsbeziehung für maximales Wachstum, liegt die Annahme nahe, daß diese Auswahl durch Wachstumsauslese erfolgt. Das würde bedeuten, daß durch die unterschiedlichen Keimbildungsmechanismen Keime sehr verschiedener Orientierungen zur Verfügung stehen, aus denen dann die Rekristallisationstextur durch orientiertes Wachstum gebildet wird.

(v) Es ist schwierig zu entscheiden, ob die Beobachtung, daß Orientierungen, die offensichtlich gute Wachstumsmöglichkeiten haben, nicht auftreten und stattdessen Orientierungen mit weniger guten Wachstumsmöglichkeiten gefunden werden, durch unterdrücktes Wachstum oder fehlende Keimbildung zu deuten ist. So wurde z.B. das totale Fehlen der Orientierung (211) [01$\bar{1}$] in der Messingrekristallisationstextur dadurch interpretiert, daß ihr Wachstum durch die Goßlage behindert wird; es könnte jedoch ebenso durch ein Fehlen von Keimen dieser Orientierung erklärt werden. Diese Orientierung ist nämlich weder in der verformten Matrix (im Gegensatz zu (013) [100]) vorhanden, noch ist sie ein Zwilling zweiter Generation der verformten Matrix (im Gegensatz zu (326) [83$\bar{5}$] , noch kann sie durch IRT gebildet werden (im Gegensatz zu (001) [100]) oder durch IRT und anschließende Zwillingsbildung (im Gegensatz zu (326) [83$\bar{5}$]). Im letzten Fall würde der Einfluß der Keimbildung auf die Rekristallisationstextur hauptsächlich darin bestehen, daß nicht alle Keime der Orientierungen, die gute Wachstumsmöglichkeiten besitzen, gebildet werden.

Literaturverzeichnis

[1] Wassermann G. und Grewen J., "Texturen metallischer Werkstoffe", Springer-Verlag, Berlin/Göttingen/Heidelberg 1962, 2. Aufl.

[2] Alam R., Mengelberg H.D., Lücke K., Z. Metallkde. 58 (1967) 867.

[3] Kobbe U. und Schuon H., Siemens Z. 47 (1973) 119.

[4] Schultz L.G., J. Appl. Phys. 20 (1949) 1030.

[5] Decker B.F., Asp E.T. und Harker D., J. Appl. Phys. 19 (1948) 388.

[6] Mengelberg H.D., Meixner M. und Lücke K., Acta Met. 13 (1965) 835.

[7] Rosenbaum F. und Lücke K., in Vorbereitung. Rosenbaum F., Dissertation, TH Aachen (1971).

[8] Perlwitz H., Lücke K. und Pitsch W., Acta Met. 17 (1969) 1183.

[9] Pospiech J. und Lücke K., Acta Met. 23 (1975) 997.

[10] Schmidt U., Lücke K. und Pospiech J., Proceedings of the Fourth European Colloquium on Textures, Cambridge (1975).

[11] Schmidt U., Dissertation, TH Aachen (1975), Teil IV.

[12] Merlini A. und Beck P.A., Trans. AIME 203 (1955) 385.

[13] Beck P.A. und Hu H., Trans. AIME 194 (1952) 83.

[14] Lücke K. und Schmidt U., J. Less-Common Metals 28 (1972) 187.

[15] Hu H. und Goodman S.R., Trans. Met. Soc. AIME 227 (1963) 627.

[16] Beck P.A., Acta Met. 1 (1953) 230. Beck P.A., Sperry P.R. und Hu H., J. Appl. Phys. 21 (1950) 420.

[17] Ibe G. und Lücke K., in "Recrystallization, Grain Growth and Textures", Herausg.: H. Margolin, ASM, Metals Park, Ohio (1966) 434.

[18] Ibe G., Dietz W., Fraker A.C. und Lücke K., Z. Metallkde. 61 (1970) 498.

[19] Liebmann B., Lücke K. und Masing G., Z. Metallkde. 47 (1956) 57.

[20] Beck P.A., in "The Physics of Powder Metallurgy", Mc Graw-Hill Book Co, New York (1951) 40. Liu Y.C. und Hibbard Jr. W.R., Trans. AIME 197 (1953) 627. Merlini A. und Beck P.A., Acta Met. 1 (1953) 598.

[21] Beck P.A., Advances in Physics (Phil. Mag. Sup.) 3 (1954) 245.

[22] Beck P.A. und Hu H., in "Recrystallization, Grain Growth and Textures", Herausg.: H. Margolin, ASM, Metals Park, Ohio (1966) 393.

[23] Dillamore I.L., Acta Met. 12 (1964) 1005.

[24] Lücke K., Rixen R. und Rosenbaum F.W., in "The Nature and Behaviour of Grain Boundaries", Herausg.: H.Hu, Plenum Publishing Corporation (1972) 245. Lücke K., Can. Met. Quart. 13 (1974) 261. Lücke K., Journal de Physique 36 (1975) C4-339.

[25] Schmidt U., Dissertation, TH Aachen (1975), Teil III.
[26] Burgers W.G. und Louwerse P.C., Z. Physik 61 (1931) 605. Burgers W.G. und Tiedema T.J., Acta Met. 1 (1953) 234.
[27] Dillamore I.L. und Katoh H., Metal Sci. 8 (1974) 73.
[28] Lücke K., Rixen R. und Senna M., Acta Met. 24 (1976) 103.
[29] Senna M. und Lücke K., Z. Metallkde., in Druck.
[30] Peters B.F., Met. Trans. 4 (1973) 757.
[31] Schmidt U., Dissertation, TH Aachen (1975), Teil II.
[32] Zabardjadi D. et al, in Vorbereitung. Zabardjadi D., Dissertation, TH Aachen (1976).
[33] Burgers W.G. und Verbraak C.A., Acta Met. 5 (1957) 765. Verbraak C.A., Acta Met. 6 (1958) 580.
[34] Hinkel H., Haase G. und Granzer F., Acta Met. 15 (1967) 1875.
[35] Slakhorst J.W.H.G., Acta Met. 23 (1975) 301.

Anmerkungen

1) Wie Abb. 1a zu entnehmen ist, hat Cu 99,99% nach Walzen bei -196°C einen Wert von $\tau \approx 10^6$ sec für die Rekristallisation bei Raumtemperatur (vergl. auch [6,7]).
2) Als Orientierungsabstand ρ wird hier der größte der vier Winkelabstände zwischen den einander entsprechenden ⟨111⟩-Polen zweier Orientierungen bezeichnet.
3) Dieser Orientierungszusammenhang soll hier als empirisches Ergebnis betrachtet werden und die physikalische Ursache für diese hohe Korngrenzenbeweglichkeit (die mit der Struktur der Korngrenze zusammenhängt) nicht diskutiert werden.
4) Die von Peters angegebene Indizierung (124) [21$\bar{1}$] scheint fehlerhaft zu sein. Die (124) [21$\bar{1}$] -Orientierung hat einen Abstand $\rho = 18^\circ$ von der in seinen Polfiguren wiedergegebenen Orientierung, die nur 4° von (326) [83$\bar{5}$]entfernt liegt.
5) Zwillingsbildung führt zu folgenden Orientierungszusammenhängen und Abweichungen ρ von der nächsten 40° ⟨111⟩-Drehung: Zwillinge 1. Generation: 60° ⟨111⟩ , $\rho = 20^\circ$; Zwillinge 2. Generation: 39° ⟨011⟩ , $\rho = 22^\circ$; Zwillinge 3. Generation: 32° ⟨110⟩ und 35° ⟨120⟩ , $\rho = 22^\circ$.
6) Man findet folgende Orientierungszusammenhänge und Abweichungen ρ von der nächsten 40° ⟨111⟩-Drehung: IRT: ≈ 57° ⟨123⟩ , $\rho = 22^\circ$; IRT + Zwilling 1. Generation: ≈ 22° ⟨013⟩ , $\rho = 26^\circ$; IRT + Zwilling 2. Generation: ≈ 39° ⟨014⟩ , $\rho = 26^\circ$; ≈ 22° ⟨135⟩ , $\rho = 18^\circ$ und 36° ⟨111⟩, $\rho = 4^\circ$.

Tabelle 1: Orientierungsabstände ρ zwischen Rekristallisationslagen und 40° (30°) ⟨111⟩ gedrehten Walzlagen mit Angabe von Drehachse und Drehsinn. - bedeuted $\rho > 25°$.

Walzorientierung / Rekristallisationsorientierung	(011) [21$\bar{1}$]		(123) [63$\bar{4}$]				(112) [11$\bar{1}$]		(011) [100]
	Komp. I	Komp. II	Komp. I	Komp. II	Komp. III	Komp. IV	Komp. I	Komp. II	Komp. I
(001) [100] (Würfellage)	B+ = C+ 23° (-)	B+ = C+ 23° (-)	C+ 10° (20°)	C+ 10° (20°)	C+ 10° (20°)	C+ 10° (20°)	A- = C+ 23° (-)	A- = C+ 23° (-)	- (-)
(366) [42$\bar{3}$] (R-Lage)	D+ = D- 22° (13°)	A+ = A- 18° (-)	- (-)	B- 15° (14°)	D- 5° (9°)	A+ 13° (20°)	B+ = B- 22° (13°)	D+ = D- 16° (23°)	B± = C± 18° (20°)
(132) [11$\bar{2}$] (Asym. Lage)	B- = C- 25° (20°)	- (-)	- (-)	D+ 22° (-)	C- 12° (3°)	D+ 21° (21°)	D+ = D- 20° (21°)	A+ = C- 20° (16°)	A± = D± 8° (13°)
(013) [100] (gek. Würfellage)	B+ = C+ 8° (17°)	B+ = C+ 8° (17°)	C+ 14° (17°)	C+ 24° (-)	C+ 24° (-)	C+ 14° (17°)	A+ = C- 23° (-)	A+ = C- 23° (-)	B± = C± - (25°)
(203) [31$\bar{2}$] (Cu-Tieftemp.-Lage)	D+ = D- 15° (25°)	B- = C- 16° (17°)	B- - (25°)	D+ 12° (13°)	C- 17° (17°)	D+ 12° (20°)	D+ = D- - (23°)	D+ = D- 23° (23°)	A± = D± 17° (-)
(326) [83$\bar{5}$] (Ms-Rekrist.-Lage)	D+ = D- 7° (9°)	B- = C- 8° (15°)	D+ 23° (13°)	B- 10° (10°)	D- 19° (-)	A+ 20° (-)	A- = C+ - (20°)	D+ = D- 23° (-)	B± = C± 20° (25°)
(211) [01$\bar{1}$] (nicht beob. Lage)	A+ = A- 10° (0°)	A+ = A- 10° (0°)	A- 19° (19°)	A+ 24° (19°)	A+ 24° (19°)	A- 19° (19°)	- (-)	- (-)	- (-)

Abbildungen

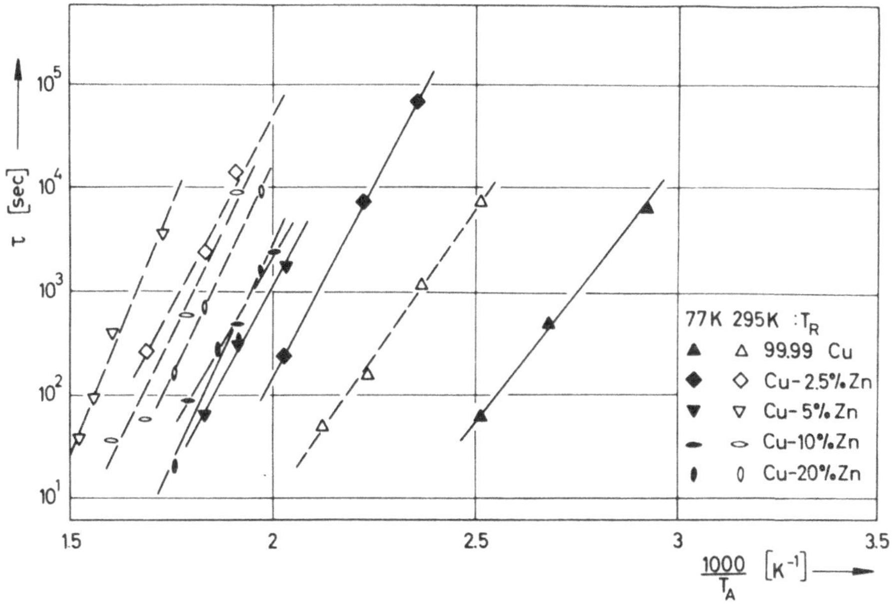

Abb. 1a: Zeit τ der halben Eigenschaftsänderung bei der Rekristallisation als Funktion der Glühtemperatur T_A für Cu 99,99% und verschiedene Cu-Zn-Legierungen nach 95% Walzverformung bei 77K und 295K.

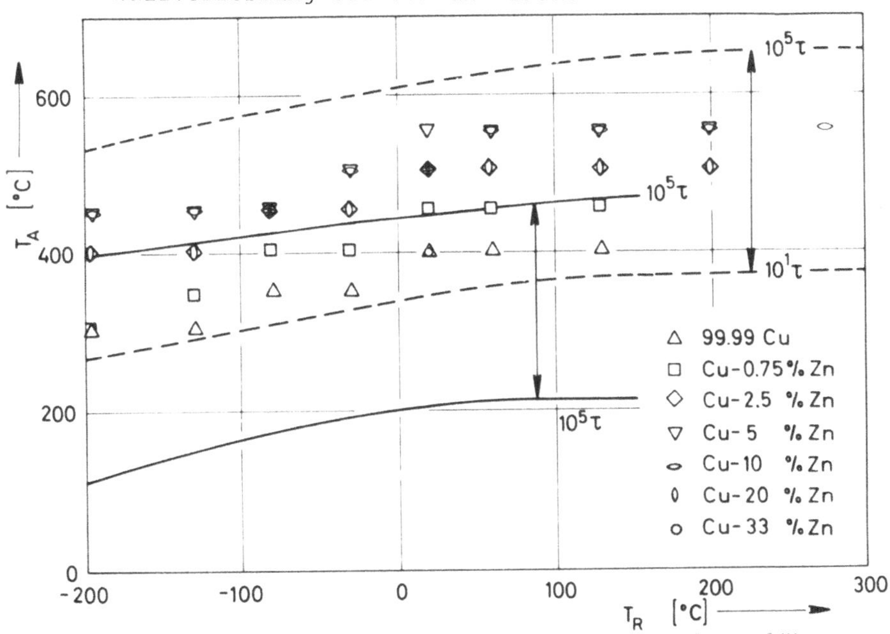

Abb. 1b: Für die primäre Rekristallisation gewählte Glühtemperatur T_A für Cu 99,99% und Cu-Zn-Legierungen als Funktion der Walztemperatur T_R. Die durchgezogenen Linien geben für Cu 99,99%, die gestrichelten für Cu-10% Zn die Temperaturintervalle an, innerhalb derer eine Glühdauer von 30 Minuten zu einer primären Rekristallisationstextur führt.

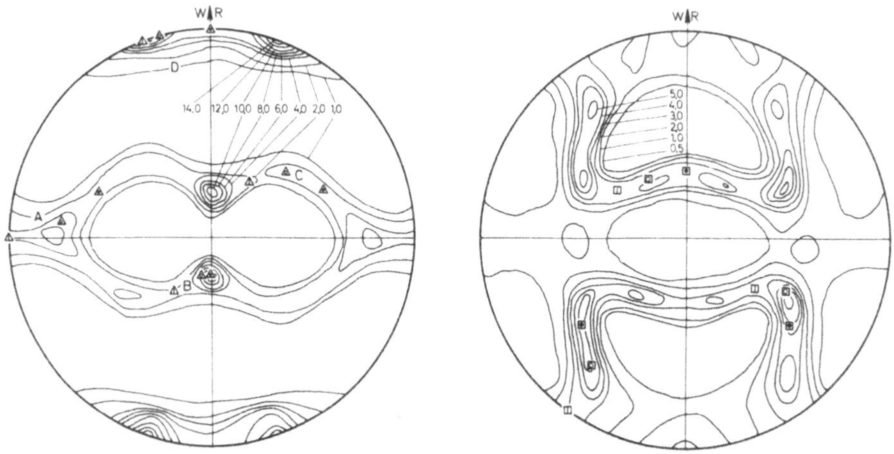

(a) (b)

Abb. 2: "Kupferwalztextur": Cu 99,99%, 95% gewalzt bei 20°C.
(a) {111}-Polfigur, (b) {200}-Polfigur.
▲ ■ (112) [$11\bar{1}$], △ ◻ (123) [$63\bar{4}$], △ ◻ (011) [$21\bar{1}$].

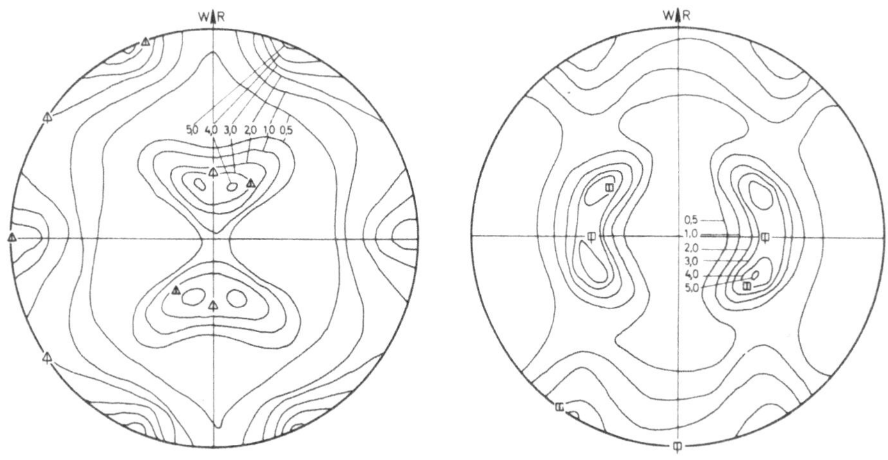

(a) (b)

Abb. 3: "Messingwalztextur": Cu-5% Zn, 95% gewalzt bei -196°C.
(a) {111}-Polfigur, (b) {200}-Polfigur.
△ ◻ (011) [$21\bar{1}$], △ ◻ (011) [100].

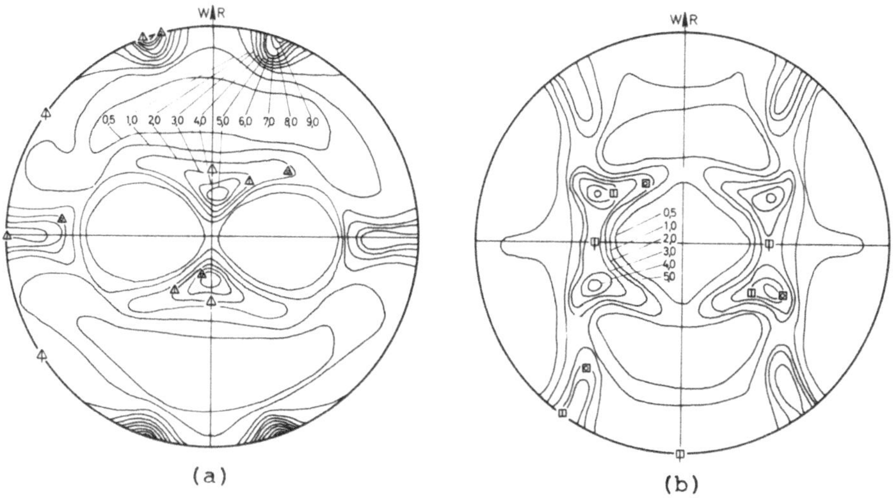

Abb. 4: Zwischentyp zwischen Kupfer- und Messingwalztextur: Cu-5% Zn, 95% gewalzt bei 20 °C.
(a) {111}-Polfigur, (b) {200}-Polfigur.
△ □ (123) [63$\bar{4}$], △ □ (011) [21$\bar{1}$], △ □ (011) [100].

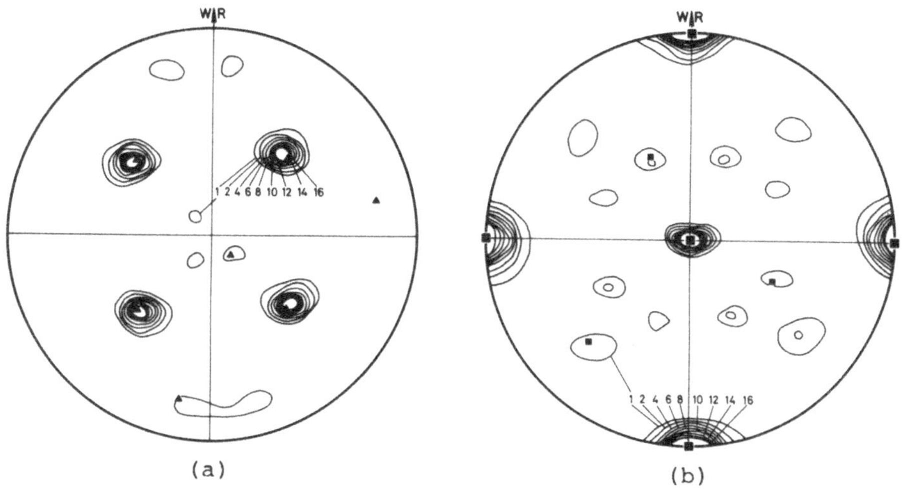

Abb. 5: Primäre Rekristallisationstextur von Cu 99,99%, 95% gewalzt bei 20 °C.
(a) {111}-Polfigur, (b) {200}-Polfigur.
▲ ■ (001) [100], ▲ ■ (122) [21$\bar{1}$].

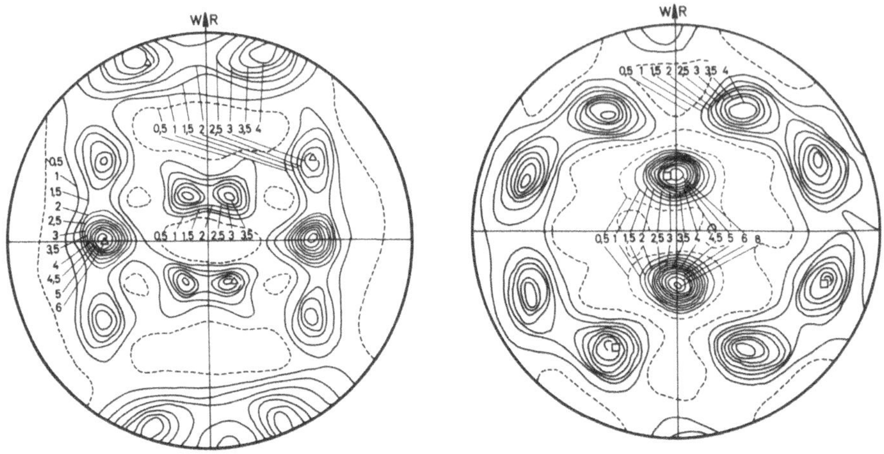

(a) (b)

Abb. 6: Primäre Rekristallisationstextur von Cu-20% Zn, 95% gewalzt bei -196°C.
(a) {111}-Polfigur, (b) {200}-Polfigur.
△□ (326) [83$\bar{5}$].

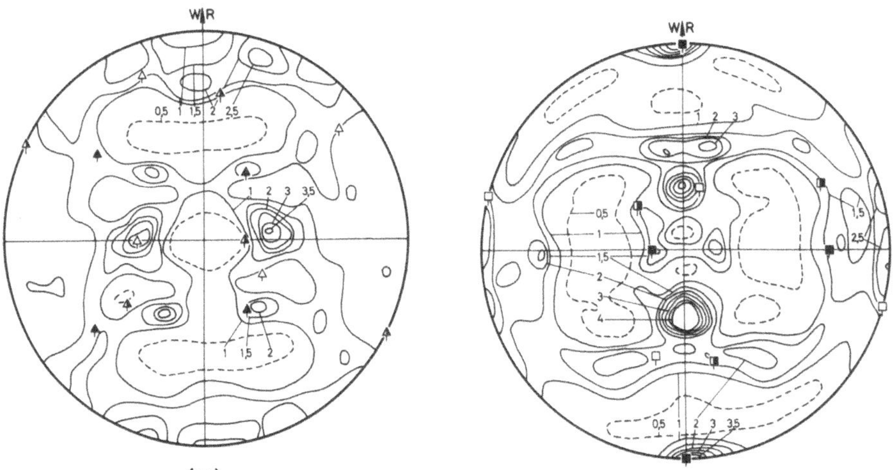

(a) (b)

Abb. 7: Primäre Rekristallisationstextur von Cu 99,99%, 95% gewalzt bei -196°C.
(a) {111}-Polfigur, (b) {200}-Polfigur.
△□ (203) [31$\bar{2}$], ▲■ (013) [100], ◭◧ (132) [11$\bar{2}$].

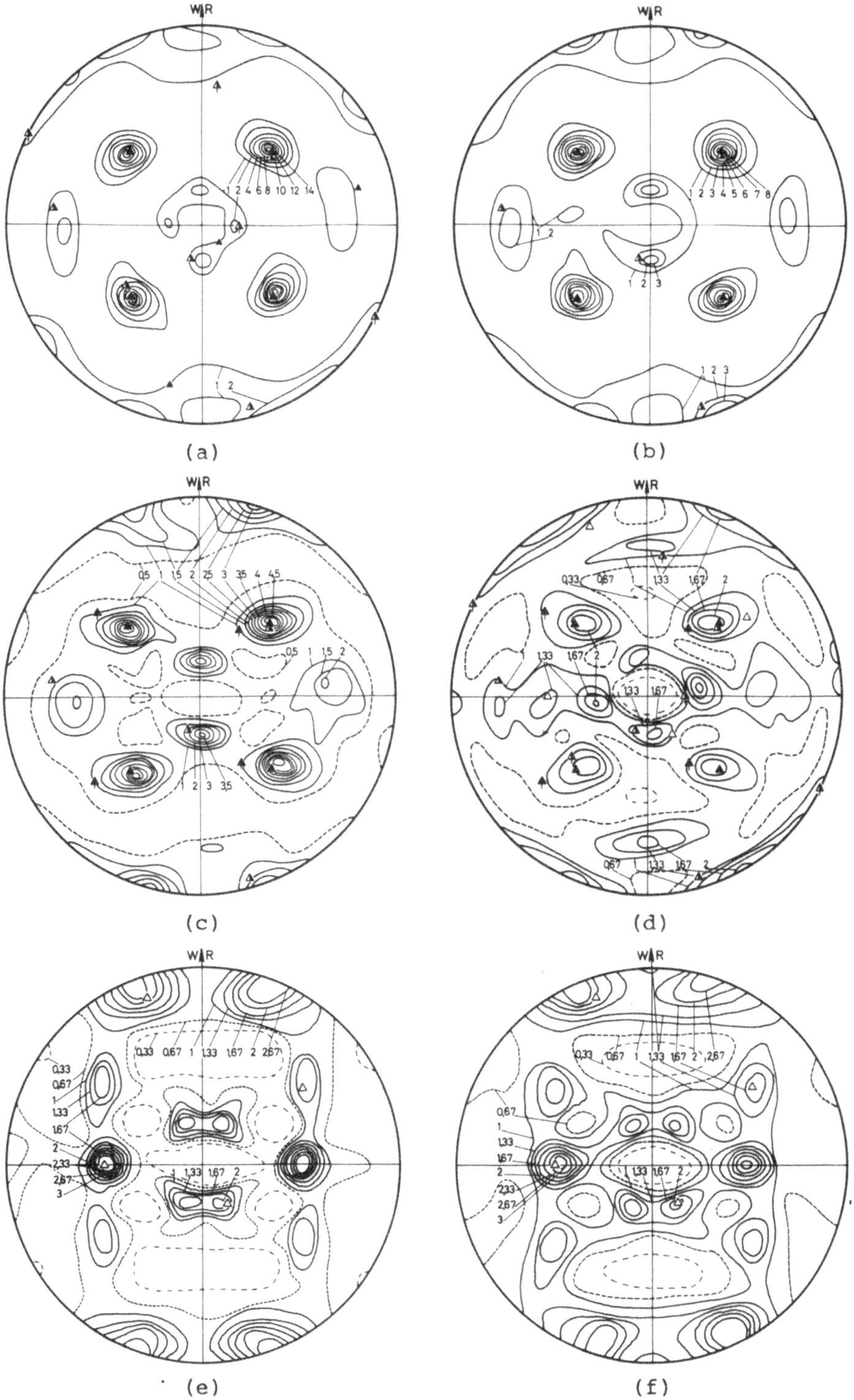

Abb. 8: {111}-Polfiguren der primären Rekristallisationstexturen von α-Messing nach 95% Walzverformung bei 20°C.
(a) Cu-0,74% Zn, (b) Cu-2,5% Zn, (c) Cu-5% Zn,
(d) Cu-10% Zn, (e) Cu-20% Zn, (f) Cu-33,5% Zn.
▲ (001) [100], ▲ (122) [$21\bar{1}$], ▲ (368) [$42\bar{3}$],
▲ (013) [100], ▲ (132) [$11\bar{3}$], △ (326) [$83\bar{5}$].

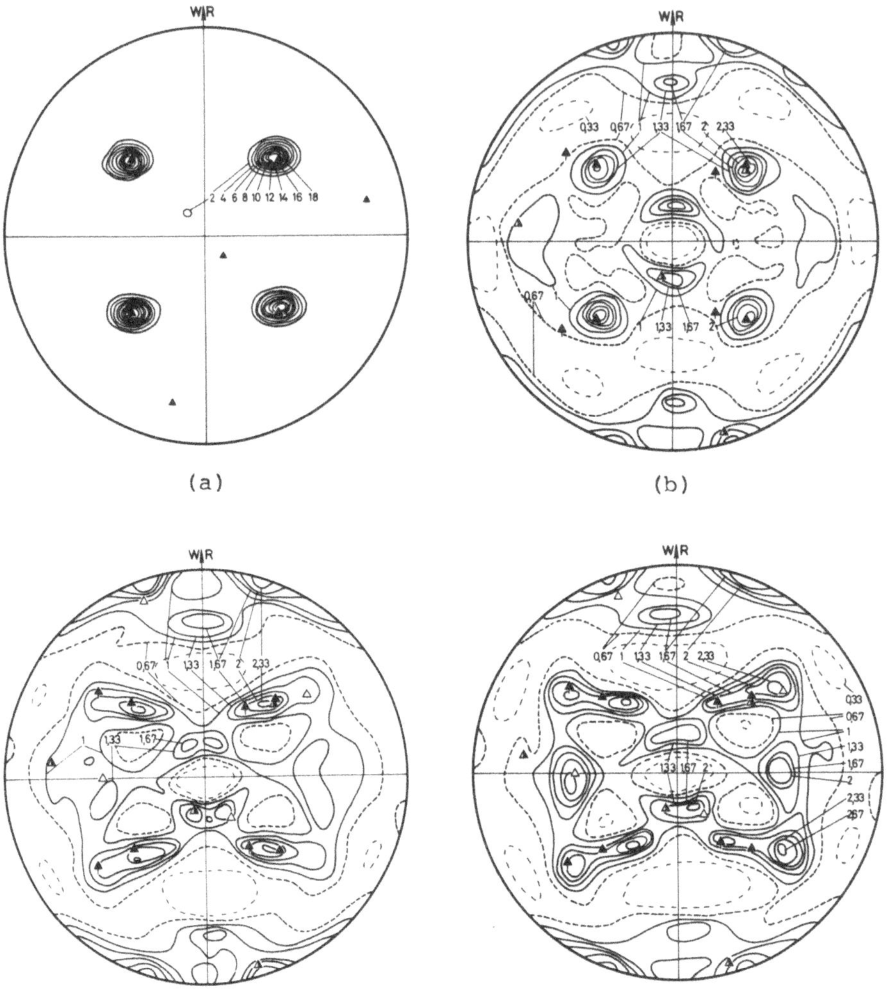

Abb. 9: {111}-Polfiguren der primären Rekristallisationstexturen von Cu-5% Zn nach 95% Walzverformung bei (a) +130°C, (b) -30°C, (c) -80°C, (d) -130°C.
▲ (001) [100], ▲ (122) [21$\bar{1}$], ▲ (368) [42$\bar{3}$],
▲ (013) [100], △ (326) [83$\bar{5}$].

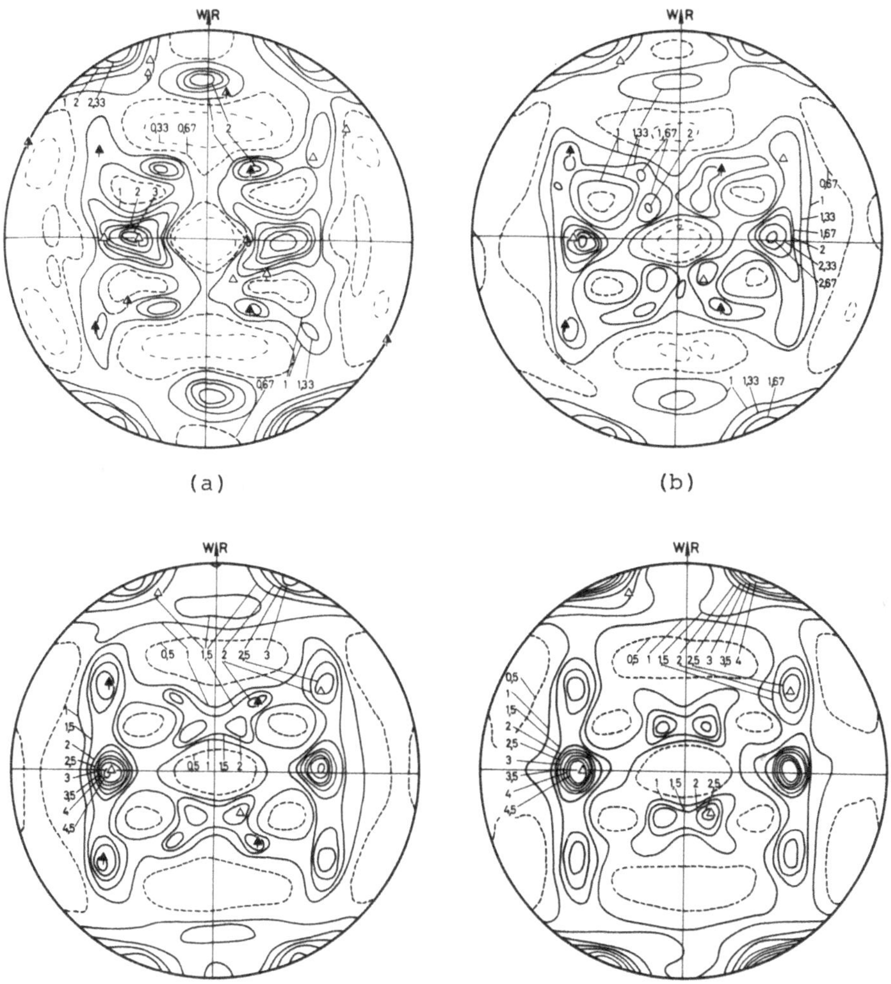

Abb. 10: {111}-Polfiguren der primären Rekristallisationstexturen von α-Messing nach 95% Walzverformung bei $-196\,^{\circ}C$.
(a) Cu-0,74% Zn, (b) Cu-2,5% Zn, (c) Cu-5% Zn,
(d) Cu-10% Zn.
△ (203) $[31\bar{2}]$, ▲ (132) $[11\bar{3}]$, ▲ (013) [100],
△ (326) $[83\bar{5}]$.

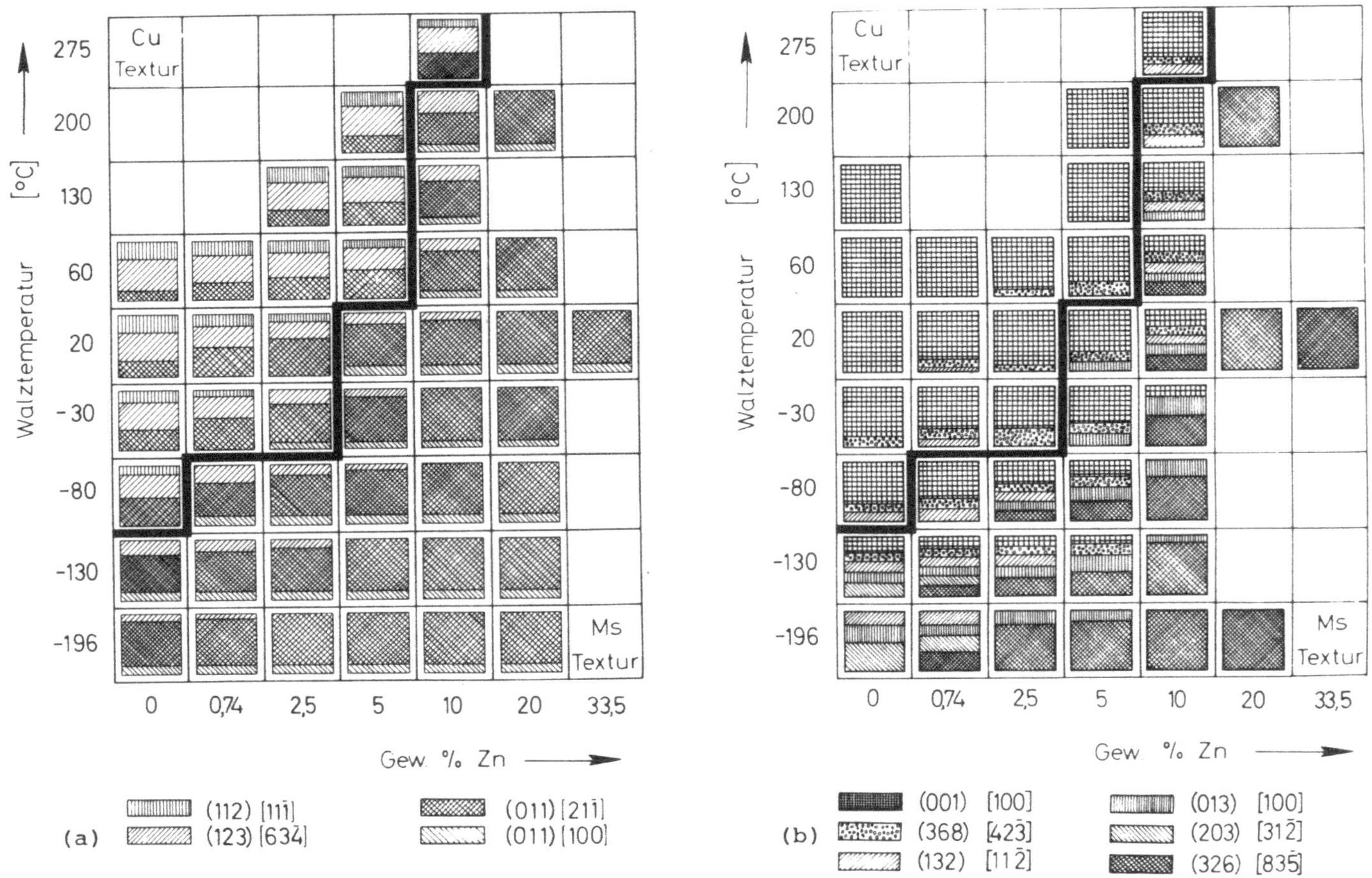

Abb.11: Schematische Darstellung aller Texturen im System Cu-Zn als Funktion der Walztemperatur und des Zinkgehalts. (a) Walztexturen, (b) Rekristallisationstexturen.

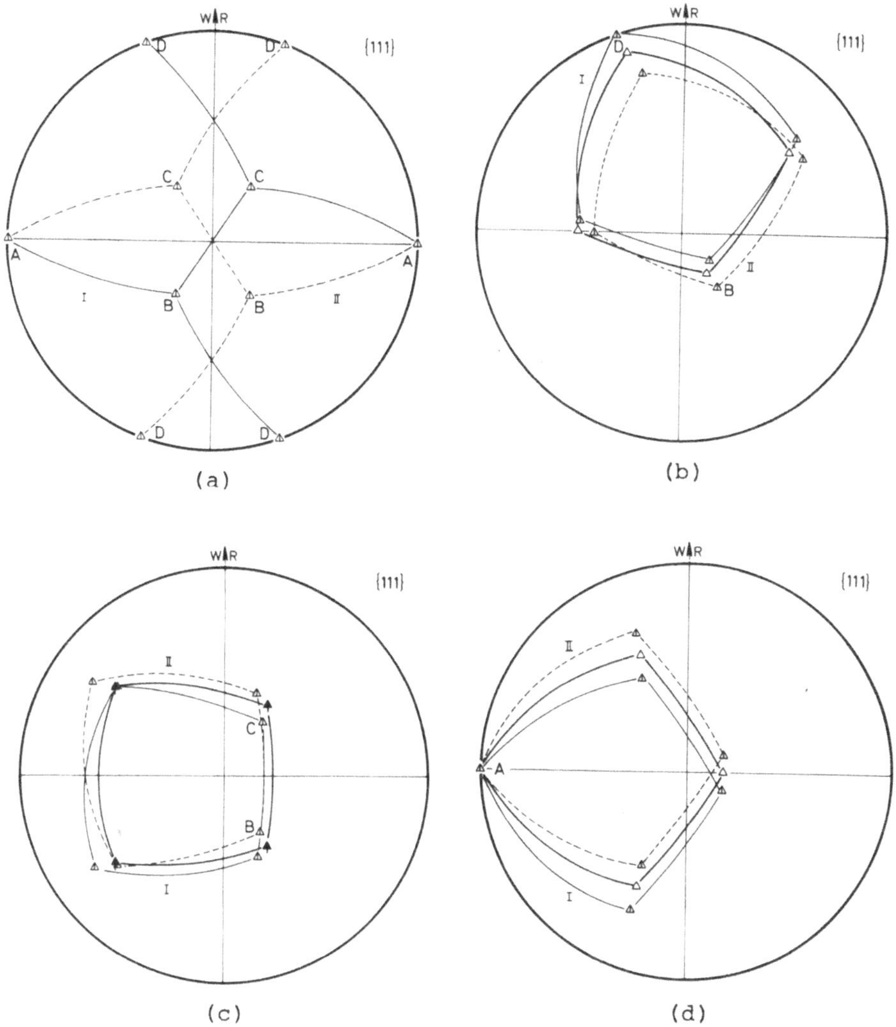

Abb. 12: ±40° ⟨111⟩-Rotationen der Messingwalzlage (011) [21$\bar{1}$].
(a) ⚠ (011) [21$\bar{1}$] ———— Komponente I,
- - - - - - Komponente II.
(b) ⚠ (011) [21$\bar{1}$] nach 40° ⟨111⟩-Rotation von Komponente I um D+ und Komponente II um B-,
△ (326) [83$\bar{5}$]-Lage.
(c) ⚠ (011) [21$\bar{1}$] nach 40° ⟨111⟩-Rotation von Komponente I und II um C+ bzw. B+,
▲ (013) [100]-Lage.
(d) ⚠ (011) [21$\bar{1}$] nach 40° ⟨111⟩-Rotation von Komponente I und II um A+,
△ (211) [01$\bar{1}$]-Lage.

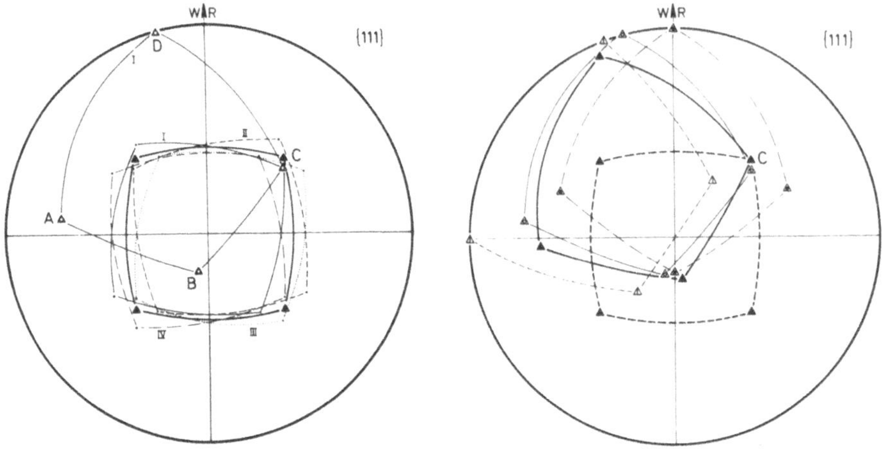

(a) (b)

Abb. 13: Orientierungszusammenhänge zwischen der Würfellage (001) [100] und den drei Hauptwalzlagen (011) [21$\bar{1}$], (123) [63$\bar{4}$] und (112) [11$\bar{1}$].

(a) ▲ ━━━━━ (001) [100]-Lage,

△ ───── Komponente I der (123) [63$\bar{4}$]-Lage,

───── - - - - } Komponente I bis IV der (123) [63$\bar{4}$]-Lage nach 40° ⟨111⟩-Rotation um C+.
·········· —·—·— }

(b) ▲ ━ ━ ━ ━ (001) [100]-Lage,

▲ ━━━━━ (001) [100]-Lage nach 40° ⟨111⟩-Rotation um C+.

△ - - - - - (011) [21$\bar{1}$]-Lage,

△ ───── (123) [63$\bar{4}$]-Lage,

▲ —·—·— (112) [11$\bar{1}$]-Lage.

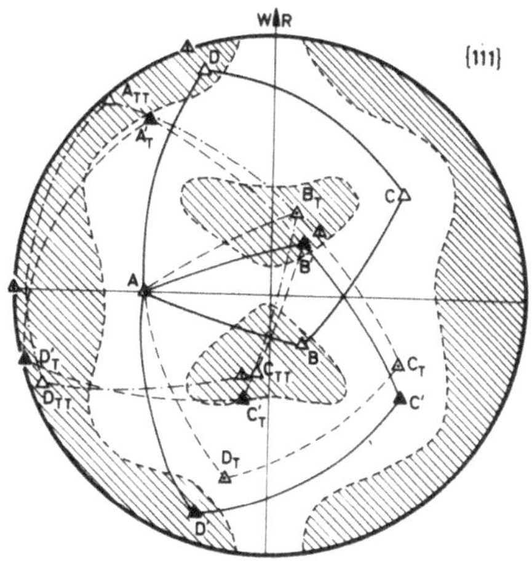

Abb. 14: Zwillingsbeziehungen zwischen verformter Matrix (△ (011) [21$\bar{1}$], schraffiertes Gebiet = Intensität ≥1,0) und Messingrekristallisationsorientierung (326) [83$\bar{5}$].

△ ——— ABCD = (326) [$\bar{8}\bar{3}$5] Komponente I,

▲ ——— AB'C'D' = (326) [8$\bar{3}$5] Komponente II,

△ ----- $AB_TC_TD_T$ = Zwilling 1. Generation von ABCD,

△ —·—·— $A_{TT}B_TC_{TT}D_{TT}$ = Zwilling 2. Generation von ABCD,

▲ ----- $A'_TB'C'_TD'_T$ = Zwilling 1. Generation von AB'C'D'.

GPSR Compliance

The European Union's (EU) General Product Safety Regulation (GPSR) is a set of rules that requires consumer products to be safe and our obligations to ensure this.

If you have any concerns about our products, you can contact us on ProductSafety@springernature.com

In case Publisher is established outside the EU, the EU authorized representative is:

Springer Nature Customer Service Center GmbH
Europaplatz 3
69115 Heidelberg, Germany

Batch number: 10584556

Printed by Printforce, the Netherlands